大学本科教材·计算机教学丛书

C++程序设计

主　编：刘娜娜

参编者：刘娜娜　迟立颖　张光妲
　　　　陈淑鑫　刘恩军　张景林

主　审：邓文新

北京航空航天大学出版社

内 容 简 介

本书全面、系统地介绍了C++程序设计的基本概念、语法和编程方法，详尽地讲述了C++语言的数据类型、基本语句及数组指针和引用、函数的作用、类和对象、继承和派生、多态性、虚函数和模板等内容。通俗易懂，由浅入深，重点突出，例题丰富，注重实际应用。内容精炼，结构合理，便于自学。每章后均备有相当数量的习题，可供学习者练习使用。本书不仅可作为高等学校C++程序设计课程的教材，还可作为C++语言的自学教材和参考书。

图书在版编目(CIP)数据

C++程序设计/刘娜娜主编. —北京：北京航空航天大学出版社，2009.3

ISBN 978-7-81124-597-4

Ⅰ. C… Ⅱ. 刘… Ⅲ. C语言—程序设计 Ⅳ. TP312

中国版本图书馆CIP数据核字(2008)第208092号

C++程序设计

刘娜娜 主编

责任编辑 许传安

*

北京航空航天大学出版社出版发行

北京市学院路37号(100191) 发行部电话：010-82317024 传真：010-82328026

http://www.buaapress.com.cn E-mail:bhpress@263.net

涿州市新华印刷有限公司印装 各地书店经销

*

开本：787×1 092 1/16 印张：18 字数：461千字

2009年3月第1版 2012年1月第2次印刷 印数：4 001~6 000册

ISBN 978-7-81124-597-4 定价：28.00元

总 前 言

随着科学技术、文化、教育、经济和社会的发展，计算机教学进入了我国历史上最火热的年代，欣欣向荣。就计算机专业而言，全国开办计算机本科专业的院校在2004年之初505所，到2006年已经发展到771所。另外，在全国高校中的非计算机专业，包括理工农医以及文科（文史哲法教、经管、文艺）等专业，按各自专业的培养目标都融入了计算机课程的教学。过去出版界出版了一大批计算机教学方面的各类教材，满足了一定时期的需求，但是还不能完全适应计算机教学深化改革的要求。

面对《国家科学技术中长期发展纲要（2006年－2020年）》制订的信息技术发展目标，计算机教学也要随之进行改革，以便提高培养质量。教学要改革，教材建设必须跟上。面对各层次、各类型的学校和各类型的专业都要开设计算机课程，就应有多样化的教材，以适应各专业教学的需要。北京航空航天大学出版社是以出版高等教育教材为主的，愿对计算机教学的教材建设做出贡献。

为计算机类教材的出版，北京航空航天大学出版社成立了“大学本科教材·计算机教学丛书”编审委员会。出版计算机教材，得到了北京航空航天大学计算机学院的大力支持。该院有三位教育部高等学校计算机科学与技术教学指导委员会（下称教指委）的成员参加编审委员会的工作。其他成员是北京航空航天大学、北京交通大学等6所院校和中科院计算技术研究所对计算机教育有研究的教指委成员、专家、学者和出版社的领导。

我们组织编写、出版计算机课程教材，以大多数高校实际状况为基点，使其在现有基础上能提高一步，追求符合大多数高校本科教学适用为目标。按照教指委制订的计算机科学与技术本科专业规范和计算机基础课教学基本要求的精神，我们组织身居教学第一线，具有教学实践经验的教师进行编写。在出书品种和内容上，面对两个方面的教学：一是计算机专业本科教学，包括计算机导论、计算机专业技术基础课、计算机专业课等；二是非计算机专业的计算机基础课程的本科教学，包括理工农医类、文史哲法教类、经管类、艺术类等的计算机课程。

教材的编写注重以下几点。

1. 基础性。具有基础知识和基本理论，以使学生在专业发展上具有潜力，便于适应社会的需求。

2. 先进性。融入计算机科学与技术发展的新成果；瞄准计算机科学与技术发展的新方向，内容应具有前瞻性。这样，以使学生扩展视野，以便与科技、社会发展的脉络同步。

3. 实用性。一是适应教学的需求；二是理论与实践相结合，以使学生掌握实用技术。

编写、出版的教材能否适应教学改革的需求，只有师生在教与学的实践中做出评价，我们期望得到师生的批评和指正。

“大学本科教材·计算机教学丛书”
编审委员会

前 言

随着计算机技术的不断发展和应用领域的拓宽，软件开发的规模也在不断的扩大。C＋＋程序设计在开发应用程序和解决实际问题中得到了广泛应用。

本书是作者根据多年的教学经验，在总结了教学中的遇到的各种问题的基础上编写而成的。主要特点是各章节结构清晰，内容由浅入深，通俗易懂，重点突出，适合初学者使用；每章配备了大量的习题，题型丰富，注重实际应用。

本书系统地讲述了C＋＋语言的基本概念和编程方法，全书共分12章。第1章主要讲述面向对象程序设计的基本思想、引入面向对象的概念、C＋＋程序的构成和Visual C＋＋集成环境的使用。第2章主要讲数据类型、运算符和表达式，它是C＋＋程序设计的基础，是C＋＋程序的基本组成部分。第3章为预处理与程序结构，主要介绍了C＋＋语言的基本程序结构，是C＋＋程序的基本框架。第4章为数组，是C＋＋中的一种典型的构造结构的数据类型，主要讲述了它的使用方法。第5章为函数，所有C＋＋的程序都是由函数构成的。本章主要讲述了函数的定义及函数间的数据传递问题。第6章为指针，主要讲述了利用指针变量访问各种数据类型的方法以及指针在参数传递中的应用。从第7章开始讲述面向对象程序设计，主要介绍类的三大特性。第7章讲述了类和对象的基础，介绍了类和对象的定义和建立使用的方法。第8章为类和对象的应用，主要介绍了类和指针、数组的关系。通过例题进一步讲述类和对象的应用。第9章为类的继承和派生，主要讲述类的继承和派生的概念和简单应用。第10章为多态性和虚函数，主要通过例题介绍多态的概念，以及虚函数的应用。第11章为C＋＋的I/O流类库，介绍了C＋＋中数据流的概念和对外部设备的输入和输出操作。第12章为模板，主要介绍了函数模板和类模板的概念以及简单的应用。

本书所有的例题和习题都在Visual C＋＋6.0环境下运行通过。这些例题和习题对学习、掌握C＋＋程序的设计方法和编程技巧有很大的帮助。

全书由刘娜娜、迟立颖、张光妲、陈淑鑫、刘恩军、张景林编写。其中，刘娜娜编写第7～8章、第9章9.1～9.2节，迟立颖编写第10～11章、第12章的12.2节及附录Ⅳ，张光妲编写第3章、第6章，陈淑鑫编写第2章、第5章及附录Ⅲ，刘恩军编写第4章、第9章9.3节，张景林编写第1章、第12章12.1节及附录Ⅰ、Ⅱ。全书由刘娜娜、迟立颖统稿,邓文新教授审阅。另外,在编写过程中,参考了一些中、外文图书资料和网上资料,在此对这些书的作者和译者提供的帮助表示衷心的感谢。

尽管在编写此书的过程中作者付出了艰辛和努力,但由于水平有限,书中难免有疏漏之处,敬请读者批评指正。

编　者

2008 年 12 月

目 录

第 1 章 C++语言概述 …… 1
1.1 面向对象程序设计的基本思想 …… 1
1.1.1 面向对象程序设计 …… 1
1.1.2 C++对面向对象程序设计方法的支持 …… 2
1.2 C++程序的构成和书写形式 …… 3
1.2.1 C++程序的构成和书写形式 …… 3
1.2.2 C++程序设计风格 …… 4
1.3 C++的字符集和关键字 …… 5
1.3.1 字符集 …… 5
1.3.2 标识符 …… 5
1.3.3 关键字 …… 5
1.4 C++程序的编写和实现 …… 5
1.4.1 最简单的C++程序 …… 5
1.4.2 C++程序的实现 …… 8
1.4.3 C++上机实践 …… 9
习题一 …… 11
第 2 章 数据类型、运算符和表达式 …… 13
2.1 基本数据类型 …… 13
2.1.1 整型(int) …… 14
2.1.2 浮点型数据(float) …… 15
2.1.3 字符型数据(char) …… 15
2.1.4 布尔类型(bool) …… 15
2.1.5 空类型(void) …… 16
2.2 常 量 …… 16
2.2.1 常量定义 …… 16
2.2.2 数值常量 …… 16
2.2.3 字符常量 …… 17
2.2.4 符号常量 …… 19
2.3 变 量 …… 20
2.3.1 变量定义 …… 21
2.3.2 变量说明 …… 21
2.3.3 常变量 …… 22
2.4 运算符 …… 22
2.4.1 算术运算符 …… 23

2.4.2 关系运算符……24
2.4.3 逻辑运算符……24
2.4.4 位运算符……25
2.4.5 赋值运算符……26
2.4.6 其他运算符……27
2.5 表达式……29
2.5.1 表达式的种类……29
2.5.2 表达式中的类型转换……31
习题二……32
第3章 预处理与程序结构……36
3.1 预处理……36
3.1.1 文件包含……36
3.1.2 条件编译……37
3.1.3 宏定义……39
3.2 顺序结构……42
3.3 选择结构……45
3.3.1 if语句……45
3.3.2 switch语句……48
3.4 循环结构……50
3.4.1 while循环语句……51
3.4.2 do—while循环语句……52
3.4.3 for循环语句……53
3.4.4 循环嵌套……54
3.4.5 转向语句……55
习题三……57
第4章 数 组……66
4.1 数组概述……66
4.2 一维数组……66
4.2.1 一维数组的定义……66
4.2.2 一维数组的应用……68
4.3 二维数组……70
4.3.1 二维数组的定义……70
4.3.2 二维数组的初始化……71
4.3.3 二维数组的应用……71
4.4 字符数组……74
4.4.1 字符数组的定义……74
4.4.2 字符数组的初始化……74
4.4.3 字符串……75
4.4.4 字符数组的应用……77

习题四 …… 79
第5章 函 数 …… 84
5.1 函数的定义与声明 …… 84
5.1.1 函数的定义 …… 84
5.1.2 函数的声明 …… 85
5.2 函数的调用 …… 87
5.2.1 函数值和 return 语句 …… 87
5.2.2 函数调用的方式 …… 87
5.2.3 函数参数 …… 90
5.3 内联函数 …… 92
5.4 函数重载 …… 93
5.5 函数的嵌套调用和递归调用 …… 95
5.5.1 函数的嵌套调用 …… 95
5.5.2 数的递归调用 …… 96
5.6 作用域 …… 100
5.6.1 变量的存储类别 …… 100
5.6.2 全局变量与局部变量 …… 102
5.6.3 外部变量 …… 103
5.6.4 内部函数与外部函数 …… 104
5.7 C++的系统函数 …… 105
习题五 …… 106
第6章 指 针 …… 112
6.1 指针概念 …… 112
6.1.1 地 址 …… 112
6.1.2 指 针 …… 112
6.2 指针的定义及使用 …… 113
6.2.1 指针变量的定义 …… 113
6.2.2 指针运算 …… 116
6.3 指针与数组 …… 119
6.3.1 用指针访问数组 …… 119
6.3.2 指针与字符串 …… 122
6.4 指针与函数 …… 123
6.4.1 指向函数的指针 …… 123
6.4.2 指针用做函数参数 …… 124
6.4.3 返回值为指针的函数 …… 125
6.5 C++语言的动态存储分配 …… 126
习题六 …… 127
第7章 类和对象的基础 …… 133
7.1 类与对象的定义 …… 133

7.1.1 类的定义 …… 133
7.1.2 对象的定义 …… 135
7.2 对象的初始化 …… 137
7.2.1 构造函数 …… 137
7.2.2 析构函数 …… 138
7.2.3 复制构造函数 …… 139
7.3 成员函数的特性 …… 141
7.3.1 内联函数和外联函数 …… 141
7.3.2 成员函数重载 …… 142
7.3.3 设置参数的默认值 …… 144
7.4 静态成员 …… 145
7.4.1 静态数据成员 …… 145
7.4.2 静态成员函数 …… 146
7.5 友 元 …… 147
7.5.1 友元函数 …… 147
7.5.2 友元类 …… 148
7.6 类的作用域与对象的生存期 …… 150
7.6.1 类的作用域 …… 150
7.6.2 对象的生存期 …… 152
第8章 类和对象的应用 …… 157
8.1 类和指针 …… 157
8.1.1 指向类对象的指针 …… 157
8.1.2 指向类的成员的指针 …… 158
8.1.3 this 指针 …… 160
8.2 类和数组 …… 161
8.2.1 对象数组 …… 161
8.2.2 对象指针数组 …… 162
8.2.3 指向对象数组的指针 …… 163
8.3 常类型 …… 164
8.3.1 常对象 …… 164
8.3.2 常成员函数和常数据成员 …… 164
8.4 子对象与堆对象 …… 165
8.4.1 子对象 …… 166
8.4.2 堆对象 …… 167
习题八 …… 169
第9章 继承性和派生类 …… 173
9.1 基类和派生类 …… 173
9.1.1 派生类的定义格式 …… 173
9.1.2 派生类的继承特性 …… 175

9.1.3 单继承派生类的构造函数和析构函数 …… 178
9.2 多重继承 …… 180
9.2.1 多重继承的概念 …… 180
9.2.2 多重继承的声明 …… 182
9.2.3 多重继承的构造函数和析构函数 …… 182
9.3 虚基类 …… 184
9.3.1 虚基类的作用 …… 184
9.3.2 虚基类的定义 …… 185
9.3.3 虚基类的构造函数和初始化 …… 187
习题九 …… 188
第 10 章 多态性和虚函数 …… 194
10.1 函数重载 …… 194
10.2 运算符重载 …… 196
10.2.1 运算符重载的必要性 …… 196
10.2.2 运算符重载的规则 …… 196
10.2.3 运算符重载的实例 …… 196
10.3 静态联编和动态联编 …… 202
10.3.1 静态联编 …… 202
10.3.2 动态联编 …… 203
10.4 虚函数 …… 204
10.5 纯虚函数和抽象类 …… 206
10.5.1 纯虚函数 …… 206
10.5.2 抽象类 …… 208
10.6 虚析构函数 …… 209
习题十 …… 211
第 11 章 C++的 I/O 流类库 …… 218
11.1 标准输出 …… 219
11.1.1 预定义的插入符 …… 219
11.1.2 put()成员函数 …… 220
11.1.3 write()成员函数 …… 221
11.2 标准输入 …… 222
11.2.1 预定义提取符 …… 222
11.2.2 get()成员函数 …… 223
11.2.3 read()成员函数 …… 225
11.3 格式控制 I/O 操作 …… 226
11.3.1 流的格式化标志 …… 227
11.3.2 格式化输出函数 …… 229
11.3.3 操作子 …… 229
11.4 插入符和提取符的重载 …… 231

11.5 字符串流…… 232
11.5.1 ostrstream 类的构造函数 …… 233
11.5.2 istrsteam 类的构造函数 …… 233
11.6 磁盘文件的I/O操作 …… 234
11.6.1 磁盘文件的打开和关闭…… 234
11.6.2 文件流状态的判别…… 236
11.6.3 文本文件的读和写…… 238
11.6.4 二进制文件的读和写…… 240
11.6.5 随机文件的读和写…… 241
习题十一…… 243
第12章 模 板 …… 249
12.1 函数模板…… 249
12.1.1 函数模板…… 249
12.1.2 模板函数…… 250
12.1.3 模板实参的省略…… 251
12.2 类模板…… 254
12.2.1 类模板的概念与定义…… 254
12.2.2 模板类…… 254
12.2.3 模板类的继承与派生…… 256
习题十二…… 258
附录Ⅰ C++的关键字列表 …… 263
附录Ⅱ C++运算符的优先级和结合性 …… 265
附录Ⅲ 常用系统函数…… 267
附录Ⅳ ASCⅡ码表…… 270
参考文献…… 274

第 1 章 C++语言概述

C++语言是在 C 语言的基础上发展起来的。它包括了 C 语言的全部语言成分，同时又添加了尤为重要的面向对象编程的完全支持。它既可进行过程化程序设计，也可进行面向对象程序设计，是目前编程人员使用最广泛的语言工具。本章主要讲解面向对象程序设计的特点、C++程序的构成、语法及 C++编程的基本方法和上机实践操作。

1.1 面向对象程序设计的基本思想

在面向对象的程序设计技术 OOP(Object-Oriented Programming)出现前，程序员们一般采用面向过程的程序设计方法 POP(Process-Oriented Programming)。面向过程的程序设计方法采用函数来完成对数据结构的操作，但又将函数和所操作的数据结构分离开来。但函数和它所操作的数据是密切相关的，特定的函数往往对特定的数据结构进行操作；如果数据结构发生改变，则相应的函数也要发生变化。这样用面向过程的程序设计方法来编写大程序不但难于编写，而且也难于调试、修改和维护。

面向对象的程序设计方法是对面向过程的程序设计方法的继承和发展。它汲取了面向过程的程序设计方法的优点，同时又考虑到现实世界与计算机世界的对应关系，现实世界中的实体就是面向对象程序方法中的对象。

现以常见的电视机为例来说明面向对象的程序设计方法。电视机内部有显像管、高压包、集成电路等很多复杂的元件，如果让用户直接去操作这些元件，那是相当困难的，需要有一定的专业知识才能去使用它。而现在呈现在人们面前的电视机，把内部的这些元件之间的详细构造全部封装起来，只给大家一个控制面板，就可以通过控制面板上的按钮来实现对电视机的操作，简单方便。这就是面向对象程序设计中所谓的“封装”，电视机就是“对象”，而对电视机的操作就是“方法”。下面就具体学习面向对象程序设计的方法。

1.1.1 面向对象程序设计

面向对象的程序设计是一种重要的程序设计方法。它能够有效地改进结构化程序设计中存在的问题。在结构化的程序设计中，要解决某个问题，就要确定这个问题能够分解为哪些函数，数据能够分解为哪些基本的类型，即思考方式是面向机器实现的，不是面向问题的结构，需要在问题结构和机器实现之间建立联系。面向对象的程序设计方法的思考方式是面向问题的结构，认为现实世界是由对象组成的，而问题求解的方法与现实世界是对应的；因此，采用面向对象的程序设计方法来解决某个问题，则须先确定这些问题是由哪些对象组成的，这些对象之间是如何相互作用的。

面向对象程序设计将通过对数据和代码建立分块的内存区域，对程序进行模块化的一种程序设计方法。这些模块被用作样板——类，将其实例化成对象。面向对象的程序设计有 3

个特征，即封装、继承和多态。因此，面向对象程序设计方法要求语言必须具备抽象、封装、继承和多态性等关键要素。本书后几章将详细介绍面向对象的程序设计方法。

简单地说，面向对象的分析设计方法可以分成以下 4 个步骤：

(1) 找出问题中的对象和类。

(2) 确定每个对象和类的功能，具有哪些属性，提供哪些方法等。

(3) 找出这些对象和类之间的关系，确定对象之间的消息通信方式、类之间的继承和复合等关系。

(4) 用程序代码实现这些对象和类。

可见，面向对象程序设计是将问题抽象成若干类，将数据与对数据的操作封装在一起，各个类之间可能存在着继承关系，对象是类的实例，程序是由对象组成的，通过对象之间相互传递消息、进行消息响应和处理来完成功能。面向对象的程序设计可以较好地克服结构化程序设计存在的问题，可以开发出健壮、易于扩展和维护的应用程序。

1.1.2 C++对面向对象程序设计方法的支持

C++和 C 语言均诞生于贝尔实验室。Bjarne Stroustrup 博士在 C 语言中引入了面向对象的思想，并将这种语言命名为 C++。C++是 C 语言的扩展，是 C 语言的一个超集，根据 Stroustrup 博士自己的说法，C++是一个"更好的 C 语言"。它是一种混合型的语言，既支持传统的结构化程序设计，又支持面向对象程序设计。

C++设计的初衷是为了扩充 C 语言，并引入面向对象程序设计思想。C 语言虽然有其强大的功能，但作为一种结构化编程语言，当程序量相当大时，其局限性不可避免地暴露出来。而 C++以其对面向对象程序设计方法的支持，成为设计和开发大规模软件的强有力工具。同时，C++在设计时充分考虑了与 C 语言的兼容性，使用大量基于 C 语言的开发工作得以继承和发展，许多 C 语言的编写代码不须修改就可为 C++语言所用，而且原来用 C 语言编写的众多库函数和实用程序也可以用于 C++语言中。C++和 C 的主要区别是 C++对数据抽象和面向对象程序设计方法的支持。C++允许数据抽象、支持封装、继承和多态等特征。C 语言程序的设计一般采用自上而下、逐步求精的方式进行软件开发；而 C++则是兼有自下而上和自上而下两种方式。目前，C++语言已被广泛用于程序设计的众多领域。实践证明，C++尤其适用于大、中型软件的开发。

1. C++支持数据封装

支持数据封装就是支持数据抽象。在 C++中，类是支持数据封装的工具，对象则是数据封装的实现。

2. C++类中包含私有、公有和保护成员

C++类中可以定义三种不同访问控制权限的成员。一种是私有(private)成员，只有在类中说明的函数才能访问该类的私有成员，而在该类外的函数不可以访问私有成员；另一种是公有(public)成员，类外面也可访问公有成员，成为该类的接口；还有一种是保护(protected)成员，这种成员只有该类的派生类可以访问，其余的在这个类外不能访问。

3. C++中通过发送消息来处理对象

C++中是通过向对象发送消息来处理对象的。每个对象根据所接收到的消息的性质来决定需要采取的行动，以响应这个消息。为此送到一个对象的所有可能的消息在对象的类描述中都需要定义。

4. C++中允许友元破坏封装性

类中的友元可以不遵守私有成员不允许该类外面的任何函数访问的规定,友元可以访问该类的私有成员,友元打破了类的封装性,可在类外定义函数称友元函数,也可以是在类外定义整个类称为友元类,这是C++面向对象的重要特征。

5. C++允许函数名和运算符重载

C++支持多态性,函数名重载和运算符重载都属于多态性。多态性是指相同的语言结构可以代表不同类型的实体,或者对不同类型的实体进行操作。C++允许一个相同的标识符或运算符代表多个不同实现的函数,被称为标识符或运算符的重载。用户可以根据需要定义标识符重载或运算符重载。

6. C++支持继承性

C++中允许单继承和多继承。一个类可以根据需要生成派生类。派生类继承了基类的所有方法,另外派生类自身还可以定义所需要的不包含在父类中的新方法。一个子类的每个对象包含有从父类那里继承来的数据成员以及自己所特有的数据成员。

7. C++支持动态联编

C++中可以定义虚函数,通过定义虚函数来支持动态联编。动态联编是多态性的一个重要特征。多态性形成由父类和子类组成的一个树型结构。

以上概述了C++在面向对象程序设计中的一些主要特征支持。有关这些支持的实现将在后续章节中介绍。

1.2 C++程序的构成和书写形式

C++是一个复杂的程序设计语言。为帮助读者养成良好习惯,编写更清晰、更易读易懂、更易维护、更易测试和调试的代码,我们从编写第一个C++程序设计开始,就应该遵循一定的程序设计风格,通过长期的训练和积累,使得良好的程序设计风格成为习惯。

1.2.1 C++程序的构成和书写形式

一个C++程序可以由一个程序单位或多个程序单位构成。第一个程序单位作为一个文件。在程序编译时,编译系统分别对各个文件进行编译,因此,一个文件是一个编译单元。

在一个程序单元中,可以包括以下几个部分:

(1) 预处理命令。

(2) 全局声明部分(在函数外的声明部分)。在这部分中包括对用户自己定义的数据类型的声明和程序中所用到的变量的定义。

(3) 函数。函数是实现操作的部分,因此函数是程序中必须有的和最基本的组成部分。每一个程序必须包括一个或多个函数,其中必须有一个(而且只能有一个)主函数(main 函数)。

一个函数由两部分组成:

(1)函数首部,即函数的第一行。包括函数名、函数类型、函数属性、函数参数(形参)名、参数类型。一个函数名后面必须跟一对圆括号,函数参数可以默认。

如:int max(int x,int y)

(2)函数体,即函数首部下面的大括号内的部分。如果在一个函数中有多个大括号,则最外层的一对{ }为函数体的范围。

函数体一般包括:

1) 局部声明部分(在函数内的声明部分)。包括对本函数中所用到的类型、函数的声明和变量的定义。对数据的声明既可以放在函数之外(其作用范围是全局的),也可以放在函数内(其作用范围是局部的,只在本函数内有效)。

2) 执行部分。由若干个执行语句组成,用来进行有关的操作,以实现函数的功能。

当然,在某些情况下也可以没有声明部分。甚至可以既无声明部分,也无执行部分。如void demp( ){ },是一个空函数,什么也不干,但这是合法的。

语句包括两类。一类是声明语句,如"int a,b;",用来向编译系统通知某些信息(如类型、函数和变量的声明或定义);但它并不引起实际的操作,是非执行语句。另一类是执行语句,用来实现用户指定的操作。C++对每一种语句赋予一种特定的功能。语句是实现操作的基本成分。显然,没有语句的函数是没有意义的。C++语句必须以分号结束,如"c=a+b;",分号是语句的一个组成部分。注意,没有分号的就不是语句。

一个C++程序总是从main函数开始执行的,而不论main函数在整个程序中的位置如何。main函数可以放在程序文件的最前头;也可以放在程序文件的最后;或在一些函数之前,在另一些函数之后。

类(class)。类是C++新增加的重要的数据类型,是C++对C的最重要的发展。有了类,就可以实现面向对象程序设计方法中的封装、信息隐蔽、继承、派生、多态等功能。在一个类中可以包括数据成员和成员函数。它们可以被指定为私有的(private)和公有的(public)属性。私有的数据成员和成员函数只能被本类的成员函数所调用。

C++程序书写格式自由,一行内可以写几个语句,一个语句可以分写在多行上。C++程序没有行号,也不像FORTRAN或COBOL那样严格规定书写格式(语句必须从某一列开始书写)。一个好的、有使用价值、可读性强的源程序都应当加上必要的注释。

1.2.2 C++程序设计风格

所谓程序设计风格,是指借助于好的设计方法编写结构好的程序。在编写源程序时,往往需要采用各种措施来提高程序的可读性、可理解性和可修改性,以利于程序的查错、测试、维护修改及交流。

(1) 以简洁明了的方式编写C++程序,是一种良好的程序设计习惯。通常称这种编写程序的方法为KIS(Keep it Simple,保持简洁)。

(2) 缩排规则就是使程序的书写格式应能较好地反映出该程序的层次结构。例如,处于同一层的语句都从同一个字符位置开始书写;将每个函数的整个函数体在定义函数体的花括号中缩排一级,可使程序中的函数结构更明显,使程序更易读。

(3) 标识符选择能够反映相关功能和特征的单词来命名,以便于见名知意。

(4) 注释是增加可读性、可理解性的常用措施。注释虽然不是程序的有效部分,但是,给程序添加合适的注释是一种良好的程序设计风格。注释应该视为程序的一个重要组成部分。

(5) 注意大小写英文字母,C++语言中是区分英文字母的大小写的。

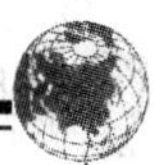

(6) 输出信息是利用C++的输出语句尽量将要输出的信息组织得直观清晰、布局合理，使之形象化、表格化、页面化、自动成文，便于使用者看懂和存档。

1.3　C++的字符集和关键字

C++程序是一个字符序列，能够出现在程序中的字符是有限的，即C++程序是由一定字符集的字符构成的。

1.3.1　字符集

字符是一些可区别的符号。C++语言规定任何C++程序只能由下列字符构成。

(1) 大小写的英文字母：A ~ Z，a ~ z

(2) 数字字符：0 ~ 9

(3) 下列特殊字符：空格(space) !　? #　%　^　&　*　_　+　=　—　~　<　>　/　\　"　:　;　.　,　(　)　[　]　{　}

1.3.2　标识符

在高级程序设计语言中，用来标识变量、符号常量、函数、数组、类型等实体名字的有效字符序列称为标识符(identifier)。标识符就是一个名字。不同的语言，对于标识符的组成形式的规定也各不相同。C++标识符的定义很灵活，但作为标识符必须满足以下规则。

(1) 所有标识符必须由一个字母(a ~ z，A ~ Z)或下划线(_)开头。

(2) 标识符的其他部分可以用字母、下划线或数字(0 ~ 9)组成。

(3) 标识符中大小写字母是区分的，表示不同的符号。

(4) 标识符只有前 32 个字符有效。

(5) 尽量使用有意义的单词作为标识符，用户定义的标识符不能采用系统的保留字，保留字是指系统已预定义的标识符，包含关键字和设备字等。

下面列出的是合法的标识符：small、_key、m_max、BASIC；

下面是不合法的标识符：5small、key?、m. max、C++、U. S. A。

1.3.3　关键字

关键字是C++语言预定义的具有特殊意义的标识符。程序员不能随意使用关键字，只能按照C++语言为它们定义的意义来使用，所以关键字也称为保留字。有些关键字代表计算机的动作，有的表示语言预定义的某种数据类型，有的用于标识某个程序段。

见附录Ⅰ列出了C++的关键字，附带了在上下文常出现的简短说明。

1.4　C++程序的编写和实现

1.4.1　最简单的C++程序

下面介绍两个简单程序，这个程序包含了构成C++语言程序的基本成分——输入、输出、定义变量及注释等语句。

例 1.1 编写一个 C++程序，输入一个人的姓名，然后在屏幕上输出（或称回显）“HELLO，???!”（??? 代表输入的姓名）。

```
1  // 输入姓名，然后在屏幕输出“HELLO，???!”（? 代表输入的姓名）。
2  #include<iostream.h>                       // 预处理命令
3  void main()                                // 主函数首部
4  {                                          // 函数体开始
5  char name[20];                             // 定义字符变量
6  cout <<"Please input your name: ";         // 输出提示信息
7  cin >> name;                               // 输入姓名
8  cout <<"HELLO, "<< name <<"! \n";          // 输出信息，\n 换行
9  }                                          // 函数结束
```

在运行时会在屏幕上输出提示信息：

Please input your name:北京

HELLO,北京

这个程序演示了 C++语言的基本成分及几个重要的特性。下面详细介绍该程序：

第 1 行是注释语句。该注释语句用来说明整个程序的功能。注释用来对程序进行注解和说明。注释不是程序的有效部分，对程序不起任何作用，但会给程序添加合适的注释是一种良好的程序设计风格，注释被视为程序的一个重要组成部分。在 C++程序中，注释有两种方式：一是以// 开头，表示该行的后续部分都是注释；另一种即 C 语言原有的注释方式，以/* 开头，以 */结尾，二者之间的所有字符都是注释。

第 2 行语句是一条预处理指令，这不是 C++的语句，它以“#”开头以与 C++语句相区别，行的末尾没有分号。#include＜iostream. h＞是一个“包含命令”，它的作用是将文件 iostream 的内容包含到该命令所在的程序文件中，代替该命令行。文件 iostream 的作用是向程序提供输入或输出时所需要的一些信息。iostream 是 i—o—stream 3 个词的组合。它告诉预处理器要在程序中包括“输入输出流”的头文件 iostream. h 内容，“. h”称为“头文件”（head file）。该文件包含了与输入输出流相关的类，类型和函数的说明。如果程序中要使用这些输入输出流功能，必须包括这个文件。在程序进行编译时，先对所有的预处理命令进行处理，将头文件的具体内容代替#include 命令行，然后再对该程序单元进行整体编译。

第 3 行语句是每个 C++程序都包含的主函数语句。main 后面的括号表示它是一个函数。C++程序由一个或多个函数组成，其中有且只有一个 main 函数。即使 main 不是程序中的第一个函数，C++程序都是从函数 main 开始执行的。main 左边的关键字 void 表示函数无返回值。

第 4 行的左花括号{与第 9 行的右花括号}表示函数的开头和结尾。注意 C++所有语句最后都应当有一个分号。

第 5 行语句定义一个字符数组变量 name，用来存放输入的姓名，最多可以存放 19 个字符。

第 6 行语句是一个输出语句。cout 是由 c 和 out 两个单词组成，是 C++用于输出的语句。cout 实际上是 C++系统定义的对象名，称为输出流对象。用 cout 和“＜＜”实现输出的

语句简称为 cout 语句，“<<”是“插入运算符”，与 cout 配合使用，在本例中它的作用是将运算符“<<”右侧双撇号内的字符串"Please input your name: "插入到输出的队列 cout 中(输出的队列也称作“输出流”)，C++系统将输出流 cout 的内容输出到系统指定的设备(通常为显示器)中。

第 7 行语句是一个输入语句，告诉计算机从标准输入设备(键盘)接收数据，并存入变量 name 中。C++中的输入和输出是通过字符流来完成的。实际上操作符<< 和 >>形象地说明了数据的流动方向。在 C++中，数据被看成是按照一定的方向流动，这就是“流”这个名称的由来。cin 是 c 和 in 两单词的组合，cin 是 C++系统定义的输入流对象。“>>”是“提取运算符”，与 cin 配合使用，其作用是从输入设备中(如键盘)提取数据送到输入流 cin 中。把用 cin 和“>>”实现输入的语句简称为 cin 语句，在执行程序中的 cin 语句时，从键盘输入字符赋给字符变量 name。

第 8 行语句是一个输出语句，它分成 3 段完成：先输出字符串“HELLO,”然后输出变量 name 中的值，最后再输出字符串“! \n”。其中字符\n 不会在屏幕上显示。它是一个转义符，表示一个换行符，光标移到屏幕中的下一行开头。

例 1.2　编写一个 C++程序，求 x 和 y 两个数之和 sum，即 sum=x+y。

```
// 求两数之和
#include<iostream>                   // 预处理命令
using namespace std;                 // 使用命名空间 std
int main()                           // 主函数首部
{                                    // 函数体开始
int x,y,sum;                         // 定义变量
cout<<"请给 x,y 赋值";                // 输出语句
cin>>x>>y;                           // 输入语句
sum=x+y;                             // 赋值语句
cout<<"x+y= "<<sum<<endl;            // 输出语句
return 0;                            // 如程序正常结束，向操作系统返回一个零值
}                                    // 函数结束
```

在运行时会在屏幕上输出提示信息：

请给 x,y 赋值 3 4

x+y=7

本程序的作用是求两个整数 x 和 y 之和 sum。main 前面的 int 的作用是声明函数的类型为整型(标准的 C++规定 main 函数必须声明为 int 型，即此主函数带回一个整型的函数值)。程序第 10 行的作用是向操作系统返回一个零值。如果程序不能正常执行，则会自动向操作系统返回一个非零值，一般为-1。

函数体是由大括号{ }括起来的，程序的第 2 行“using namespace std;”的意思是“使用命名空间 std”。C++标准库中的类和函数是在命名空间 std 中声明的，表示要用到命名空间 std 中的内容。对本程序中的第 1,2 行可以不必深究，只需知道：如果程序输入或输出时，必须使用“#include<iostream>”命令以提供必要的信息，同时要用“using namespace std;”，使程序能够使用这些信息，否则程序编译时将出错。初学者在写 C++程序时也如法炮制，在程序

的开头包含此两行，在以后的学习中将会逐步加深理解。

第 5 行是声明部分，定义变量 x，y 和 sum 为整型(int)变量。第 6 和 9 行是输出字符串及变量 sum 的值。cout 语句中的 endl 是 C＋＋输出时的控制符，作用是换行(endl 是 end line 的缩写，表示本行结束)，在输出变量 sum 的值之后换行。第 7 行是输入语句，从键盘输入的第 1 个数据赋给整型变量 x，输入的第 2 个数据赋给整型变量 y。第 8 行是运算表达式语句，将 x＋y 的值赋给整型变量 sum。

1.4.2 C＋＋程序的实现

C＋＋程序在计算机上实现通常要经过 6 个阶段：编辑、预处理、编译、链接、装入和执行。

1. 编辑(edit)。这是用编辑器程序来完成的。程序员用编辑器输入 C＋＋程序，并进行必要的修改，然后将程序命名存放在磁盘中。C＋＋程序的文件名通常以. cpp，. cxx 或. c 为扩展名。

2. 预处理(preprocess)。在 C＋＋系统中，预处理程序是在编译器翻译阶段开始之前自动执行的。C＋＋预处理程序完成时"预处理指令"的处理。预处理指令表示程序编译之前要进行的某些处理操作。这些处理操作通常包含在要被编译的文件中，如包含其他文件的包含指令及各种文本替换指令等。

3. 编译(compile)。源文件被转换成对应的机器语言程序，程序员发出编译命令，编译器将 C＋＋程序翻译为机器语言代码(也称为目标代码)。

4. 链接(link)。C＋＋程序常常会引用定义在其他程序模块中的数据或函数，如标准库中或特定项目中程序员使用的库中的函数。因此，C＋＋编译器产生的目标代码通常会缺少这部分内容。链接器可以把目标代码和这些函数的代码连接起来产生可执行程序的映像。

5. 装入(load)。程序在执行之前，必须先将其装入内存，这是由装入器来完成的。装入器从磁盘中取出可执行程序的映像文件，并把它装入内存的特定位置。

6. 执行(execute)。计算机在 CPU 的控制下执行该程序。

C＋＋程序的编译和链接的过程如图 1.1 所示。

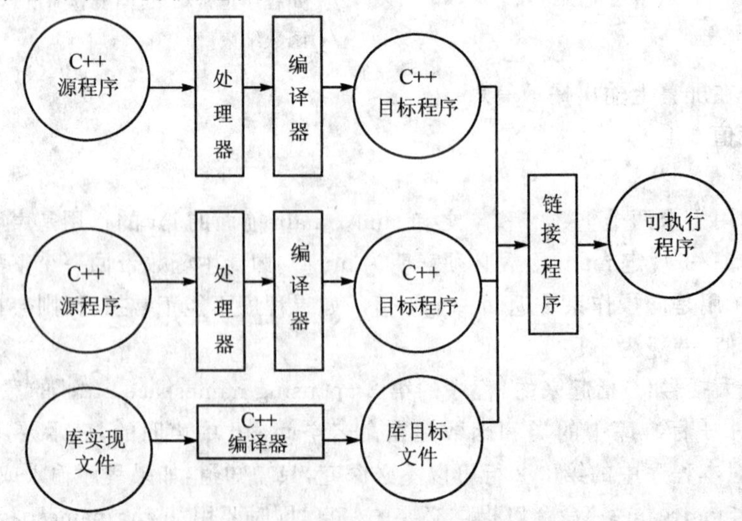

图 1.1 C＋＋编译和链接过程

1.4.3　C++上机实践

C++的流行使得许多软件厂商都提供了自己的 C++集成开发环境，称为 C++IDE。著名的有 Borland 公司的 C++ Builder，IBM 公司的 Visual Age For C++，Microsoft 公司的 Visual C++等。其中，Visual C++ 6.0 是当今 Windows 操作系统下最流行的 C++集成开发环境之一。本书的程序实例均用 Visual C++ 6.0 调试通过。通常来说，一个集成开发环境是将源程序的编写、编译、链接、调试、运行以及应用程序的文件管理等功能有机地集成在一起。

下面简单介绍一下 Visual C++6.0 编译系统的使用。启动 Visual C++6.0 进入 Developer Studio 编译环境，如图 1.2 所示。

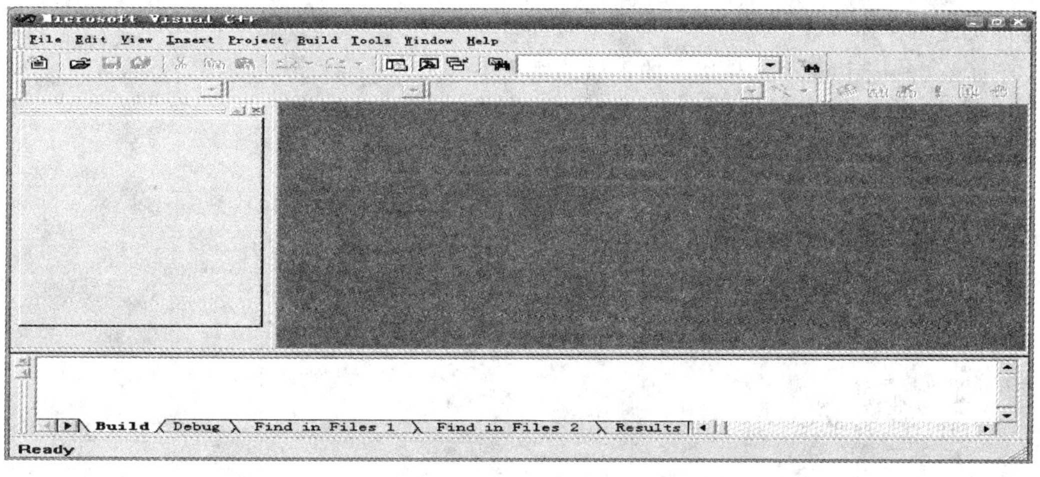

图 1.2　Visual C++6.0 编译环境

1. C++单文件应用程序的实现

(1) 编辑 C++源程序：单击 File|new|File|，双击 C++ Source File，打开一个新的编辑对话框窗口，即可输入 C++源程序。

如：

```
#include <iostream.h>
void main( )
{
    cout<<"Welcom to Visual C++.\n";
}
```

(2) 保存：单击 File|Save 或者 Save As，弹出“保存为”对话框。选择存放文件的路径后，在“文件名”框内输入文件名(缺省的扩展名为 cpp)后按回车键，或按“保存”按钮即可。

(3) 编译：选择 Build 菜单项，单击 Compile f. cpp 选项，将对该源代码程序进行编译。如果发现错误，则其错误信息显示在下面的输出窗口中。该信息将指出错误性质、出现位置及错误原因等内容。双击某条错误信息时，将会有一个提示箭头指向源代码编辑窗口中出错行的右边。用户可以根据错误性质进行修改,然后再重新编译,直到没有显示错误信息为止。

(4) 连接:单击下拉菜单项中的 Build f. exe 选项,将对编译好的程序进行连接。如果该程序尚未编译,它将会先编译,之后再进行连接。在连接过程中,如果发现错误,仍在输出窗口中显示其错误信息,用户需修改程序后再连接,直到没有错误为止,最后生成可执行文件。

(5)运行:单击 Build 菜单项的下拉式菜单中的 Execute f. exe 选项,生成的可执行文件将被运行,运行后的输出结果被显示在 DOS 窗口屏幕上,查看输出结果后,按任意键,将返回到 Visual C++的主窗口。

2. C++多文件应用程序的实现

(1) 编辑程序中的多个文件

分别编辑每一个文件,其编辑方法与单一文件编辑方法一样。只是分别将输入的文件按指定的文件名存好。

下面给出一个由两个文件组成的程序的例子。

第一个文件的文件名为 f1. cpp,具体内容如下:

```
#include<iostream.h>
int add(int ,int );
void main()
{
    int x,y;
    x=7;y=8;
    cout<< sum(x,y)<<endl;
}
```

第二个文件的文件名为 f2. cpp,其内容如下:

```
int sum(int a,int b)
{
    return a+b;
}
```

(2) 创建项目文件

创建一个空的项目文件,用来存放该程序的上述两个文件。

创建一个空项目的方法如下:单击 File|New|在 Projects 标签单击 Win32 Console Application 选项,在 Proiect name 文本框内输入一个项目文件名,然后单击 OK 按钮,再单击该对话框下方的 Finish 按钮,再单击 OK 按钮,项目文件 bbb 创建结束。

(3) 将多个文件添加到项目中

在 Visual C++6.0 主窗口中,选择 Project 菜单项,单击 Add To Projects 选项,再单击 Files 选项,选择要添加的文件名,单击 OK 按钮,则完成添加文件的任务。

此时,项目文件 bbb 中将包含有 f1. cpp 和 f2. cpp。

编译、连接和运行项目文件与单个文件相同。

习题一

一、选择题

1. 下面关于对象概念的描述中,(　　)是错误的。

A. 对象就是 C 语言中的结构变量

B. 对象之间的信息传递是通过消息进行的

C. 对象代表着正在创建的系统中的一个实体

D. 对象是一个状态和操作(或方法)的封装体

2. 下列关于对象的描述中,错误的是(　　)。

A. 对象是类的别名

B. 对象是类的实例

C. 一个类可以定义多个对象

D. 对象之间通过消息进行通信

3. 下列关于面向对象语言的基本要素的描述中,正确的是(　　)。

A. 封装性和重载性

B. 多态性和继承性

C. 继承性和聚合性

D. 封装性和继承性

4. 下列各种高级语言中,(　　)是面向对象的程序设计语言。

A. BASIC　　B. PASCAL　　C. C++　　D. C

5. 在关于 C++与 C 语言关系的描述中,(　　)是错误的。

A. C 语言是 C++的一个子集

B. C++是与 C 语言兼容的

C. C++对 C 语言进行了一些改进

D. C++和 C 语言都是面向对象的

二、读程序题

1.

```
#include<iostream.h>
void main()
{
    int x,y;
    cout <<"Please input your x,y: ";
    cin>>x>>y;
    cout <<"x="<<x+y <<" y="<<x-y;
}
```

从键盘输入 10 和 15,写出其结果。

2.

```
#include<iostream.h>
```

```
void main()
{
cout <<"我今天学习了C++程序"<<",";
cout <<"我相信以后我一定能学好这门课。";
}
```

三、编程题

1. 编一程序,输出一个由“*”组成的一个等腰三角形。
2. 由键盘输入你的出生年份和今年的年份,求出你的年龄。

第 2 章

数据类型、运算符和表达式

计算机处理的对象是数据，而数据是以某种特定的形式存在的(例如整数、浮点数、字符等形式)。不同的数据之间往往还存在某些联系(例如由若干个整数组成一个整数数组)。数据结构指的是数据的组织形式。例如，数组就是一种数据结构。

程序从本质上来说是描述一定数据的处理过程，高级语言通过数据类型来描述程序中的数据对象。C++语言提供了丰富的预定义数据类型以及相关的运算符。它们和语句组合在一起，可以方便地表达复杂的客观世界。

2.1　基本数据类型

同一类型的数据，其成分都具有相同的特性，可进行相同的操作。例如，整数、实数和逻辑数，都有相同的数学特性和相同的内部表示法。在C++语言程序中，每个数据对象都属于确定的数据类型。

C++可以使用的数据类型如下：

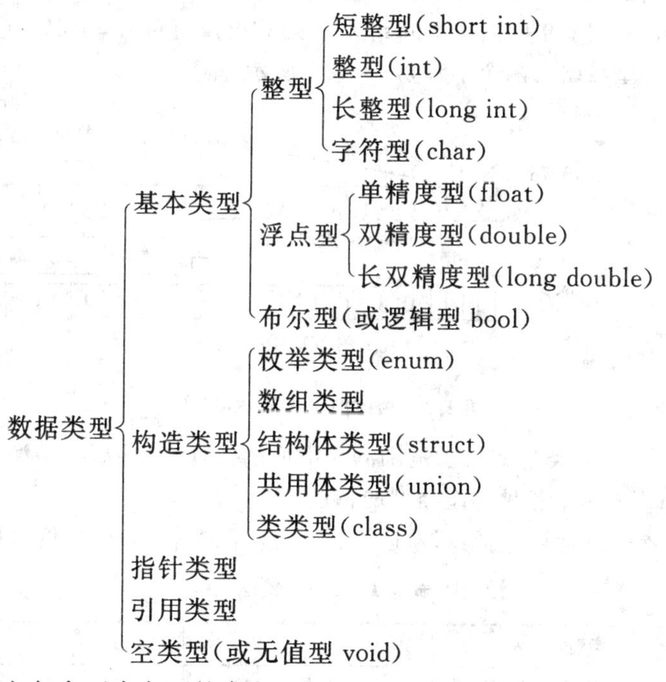

数据类型的定义包含两个方面的意义，即该类型所有可能取的值，以及在这些值上可容许的操作。类型概念的明显特征可以概括如下：

(1) 类型决定变量或表达式所能取值的集合；

(2) 每一个值属于一个且仅属于一个类型；

(3) 每一种操作要求一定类型的操作数,并且得出一定类型的结果;

(4) 一种类型的值及其规定的基本操作的性质,可由一组公理阐明。

根据数据类型的复杂程度,C++提供的数据类型可分为两类:基本数据类型和复合数据类型。复合数据类型将在本书后续章节中介绍。

2.1.1 整型(int)

在C++中,整型数据可以分成有符号(signed)和无符号(unsigned)两类,每类又包含长整型(long int)、一般整型(int)和短整型(short int)。C++中没有规定每一种数据所占的字节数,各种整型的名字、意义、存储特性和表示数据范围都不相同,只规定 int 型数据所占的字节数不大于 long 型,不小于 short 型。在不同的机器、不同的操作系统和不同的C++编译器中,数据类型的表示方式各不相同。一般在16位机的C++系统中,短整型(short)和整型(int)占两个字节;长整型(long)占4个字节;在32位机的C++系统中,短整型占两个字节,整型和长整型占4个字节。

整型数据的存储方式为按二进制形式存储。例如,十进制整数85的二进制形式为1010101,则在内存中的存储形式如图2.1所示。

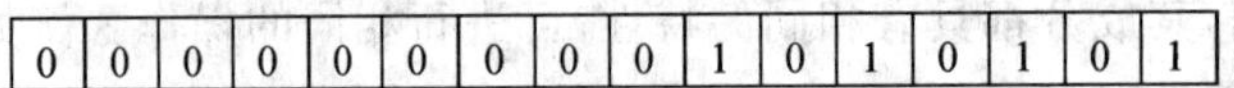

图2.1 整型数据所占字节

在整型符号 int 前面如果指定为 signed,则数值以补码形式存放,存储单元中的最高位(bit)用来表示数值的符号;如果指定为 unsigned,则数值没有符号,全部二进制位都用来表示数值本身。例如短整型数据占两个字节,如图2.2所示。

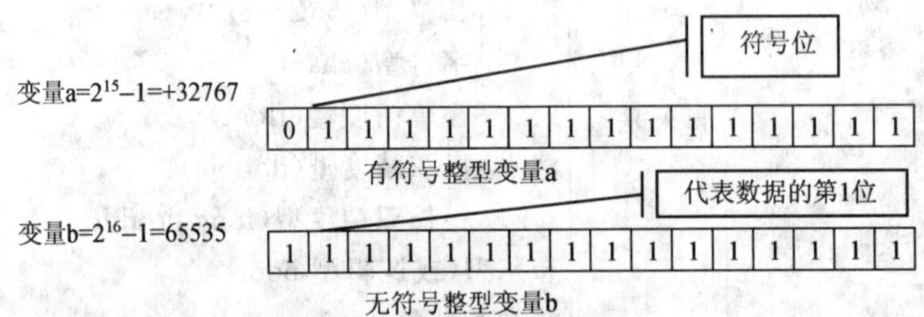

图2.2 短整型数据所占字节

按照C++规定,各种类型的表示范围满足下面的条件:短整型≤整型≤长整型。表2—1给出了 Microsoft C++中各种整型类型的特性。

整型数据可以参与的运算包括:算术运算、关系运算、逻辑运算、按位运算等。

表2.1 C++整型

类别	类型标识符	类型	B/字节	表示范围
有符号	signed short int(简写为 short)	有符号短整型	2	−32768～32767
	signed int(简写为 int)	有符号整型	4	−2147483648～2147483647
	signed long int(简写为 long)	有符号长整型	4	−2147483648～2147483647

续表 2.1

类别	类型标识符	类型	B/字节	表示范围
无符号	unsigned short int(简写为 unsigned short)	无符号短整型	2	0～65535
	unsigned int(简写为 unsigned)	无符号整型	4	0～4294967295
	unsigned long int(简写为 unsigned long)	无符号长整型	4	0～4294967295

2.1.2　浮点型数据(float)

浮点型数又称为实型数。C++中有 3 种浮点类型：单精度(float)、双精度(double)和长双精度(long double)。C++中浮点数均为有符号浮点数，没有无符号浮点数，表示精度满足下面的条件：浮点型≤双精度型≤长双精度型。表 2.2 C++中给出了各种浮点类型的特性。

浮点类型数据可以参与的运算包括：算术运算、关系运算、逻辑运算、按位运算等。

表 2.2　C++浮点类型

类型标识符	类型	B/字节	可表示最小的绝对值	可表示最大的绝对值
float	单精度型	4	1.175494351E - 38	3.402823466E+38
double	双精度型	8	2.2250738585072014E - 308	1.7976931348623158E+308
long double	长双精度型	8	2.2250738585072014E - 308	1.7976931348623158E+308

2.1.3　字符型数据(char)

字符型用于表示字符数据，以方便字符处理。C++中有 3 种字符类型：字符型(char)、有符号字符型(signed char)和无符号字符型(unsigned char)。C++没有规定字符类型的存储大小，只规定字符类型要能够表示所有的字符数据，字符在计算机中以其 ASCII 码方式表示，字符类型数据的每一位都用于表示数据的值，其长度为 1 个字节，其中 signed char 的值是有符号的，unsigned char 的值是无符号的。char 类型的值是有符号，还是无符号取决于 C++的具体实现，字符型数据在操作时将按整型数处理，参见表 2.3 所列。

字符类型数据可以作为整型数据参与的运算包括：算术运算、关系运算、逻辑运算、按位运算等。

表 2.3　C++字符类型

类型标识符	类型	B/字节	表示范围
char	字符型	1	−128～127
signed char	有符号字符型	1	−128～127
unsigned char	无符号字符型	1	0～255

2.1.4　布尔类型(bool)

布尔类型用于表示布尔逻辑数据。布尔逻辑数据只有两个：true 和 false。在 C++中，布尔型的数据可以作为整型数据进行运算，true 为非 0 整数，false 为整数 0；整型数据也可以作

为布尔型数据进行运算,非 0 整数为 true,整数 0 为 false。

布尔类型数据可以施加逻辑运算。

2.1.5 空类型(void)

void 型也称为无值型。void 型是一种较为抽象的概念,在 C++语言中它用来说明函数及其参数。没有返回值的函数说明为 void 类型的函数,没有参数的函数其形参表由 void 表示。void 类型的值集为一空集。有了 void 类型,C++语言规定所有函数说明(main 主函数除外)都必须指明(返回)类型,都必须包含参数说明。

2.2 常量

2.2.1 常量定义

在 C++程序运行中,有一些数据是一直不变的,这些数据称为常量。

常量的值是不能改变的,一般从其字面形式即可判别是否为常量。常量包括:数值常量、字符常量和符号常量。

2.2.2 数值常量

数值常量就是通常所说的常数。在 C++中,数值常量是区分类型的,从字面形式即可识别其类型,即 int 型常量、float 型常量。

1. 整型常量

整型常量可依据整型数据分为 int,short int,long int,unsigned int,unsigned short 及 unsigned long 等类别。在进行赋值或函数的参数虚实结合时要求数据类型匹配。当一个整数其值在−32768～+32767 范围内,可以赋值给 short int 型;当一个整数其值在−2147483648～+2147483647 范围内,可以赋值给 long int 型;一个 int 型的常量同时可以赋给 short int 型和 long int 型。

整型常量按不同的数制区分有 3 种表示方法:

(1) 十进制整数:以非 0 数字开头、由十进制数字组成的整数,如−200,45678。

(2) 八进制整数:以 0 开头、由八进制数字组成的整数,如 020、0123、05678。其中 020 表示八进制数 20,即$(20)_8$,它相当于十进制数 16。

(3) 十六进制整数:以 0X 或 0x 开头,由十六进制数字组成的整数,如 0X20,0x5e。其中 0X20 表示十六进制数 20,即$(20)_{16}$,它相当于十进制数 32。

此外,在整型常数后添加一个 L(或 l)字母表示该数为长整型数,如 12L、0123L、0Xad9l。若加上一个 U(或 u)字母表示该数为无符号整型数,如 23u、0345u、0xc7000000U。若加上一个 ul 或 UL 字母表示该数为无符号长整型数,如 23ul、0345ul、0xc7000000UL。若整数的值超出相应整型所能表示的范围,称为整数溢出。整数溢出将造成程序逻辑上的错误,要特别注意加以避免。

2. 浮点型常量

C++语言表示浮点型常量有两种方法表示。

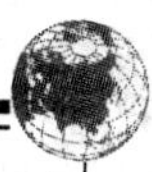

(1)十进制小数形式(小数点表示法)。绝对值小于 1 的浮点数,其小数点前面的零可以省略。如 0.22 可写为.22,−0.0018E−3 可写为−.0018E−3。C++编译系统把用这种形式表示的浮点数一律按双精度常量处理,在内存中占 8 个字节。如果在实数的数字之后加字母 F 或 f,表示此数为单精度浮点数,如 1234F,−56f,占 4 个字节。如果加字母 L 或 l,表示此数为长双精度数(long double),在 Visual C++6.0 中占 8 个字节。

(2)指数形式(科学表示法)。一个浮点数可以写成指数形式,如 3.1415926 可以表示为 0.31415926×10^{1},3.1415926×10^{0},31.415926×10^{-1},314.15926×10^{-2}等形式。在程序中应表示为:0.31415926e1,3.1415926 e0,31.415926 e−1,314.15926 e−2,一般可记为 WeJ $=W\times10^{J}$字符 e 左面为尾数 W,右面为阶码 J,用字母 e 表示其后的数是以 10 为底的幂,如 e15 表示 10^{15}。

在内存中都是以规范化的指数形式存放一般形式如图 2.3 所示。

+	.31415926	1
数符	数字部分	指数部分

图 2.3 数据的指数形式

由于指数部分的存在,使得同一个浮点数可以用不同的指数形式来表示,数字部分中小数点的位置是浮动的。例如当指数为 1 时,小数点在数字 3 的前面,指数为 0 时,小数点在数字 3 的后面,指数为−1 时,小数点在数字 31 的后面,浮点数的名字即源于此。但在内存中表示成 0.31415926×10^{1},存储单元分为两部分,一部分用来存放数字部分,一部分用来存放指数部分。在图 2.3 中是用十进制表示的,实际上在存储单元中是用二进制数来表示小数部分,用 2 的幂次来表示指数部分。对于以指数形式表示的数值常量,也都作为双精度常量处理。

小数点表示法与一般数学中实数的表示一致,科学表示法则是一种计算机表示方法。

2.2.3 字符常量

C++的字符集中字符可以直接用单引号括起来,以表示字符数据,如'a','6','Z'。字符数据在内存中以 ASCII 码值存储。它的存储形式与整型数的存储形式相同。C++语言将字符型数据视为一种整型数据。一个字符数据既可以字符形式输出,也可以整数形式输出。以字符形式输出时,需要先将存储单元中的 ASCII 代码转换成相应字符,然后输出;以整数形式输出时,直接将 ASCII 代码作为整数输出。在 C++中,字符数据是用该字符的 ASCII 码值来表示的,即字符数据的内部表示就是该字符的 ASCII 码值。如十进制数 97 表示小写字母 a,十进制数 65 表示大写字母 A,十六进制数 0x41 表示大写字母 A,八进制数 0101 表示大写字母 A。

1. 普通字符常量

用单引号括起来的一个字符就是字符型常量。如'a','#','%','F'都是合法的字符常量,在内存中占一个字节。注意:(1)字符常量只能包括一个字符,如'AB'是不合法的。(2)字符常量区分大小写字母,如'a'和'A'是两个不同的字符常量。(3)引号'是定界符,而不属于字符常量的一部分。如 cout<<'a';输出的是一个字母“a”,而不是 3 个字符“'a'”。

2. 转义字符常量

C++还允许用一种特殊形式的字符常量,就是以“\”开头的字符序列。表 2-4 中列出的字符称为“转义字符”,意思是将反斜杠“\”后面的字符转换成另外的意义。如'\n'中的“n”不代表字母 n 而作为“换行”符。

表 2.4　转义字符及其含义

字符形式	含　义	符号	ASCII 代码
\a	响铃	BEL	007
\b	退格,将当前位置移到前一列	BS	008
\n	换行,将当前位置移到下一行开头	LF	010
\v	垂直制表,竖向跳格	VT	011
\f	换页,走纸将当前位置移到下页开头	FF	012
\r	回车,将当前位置移到本行开头	CR	013
\t	水平制表(跳到下一个 tab 位置)	HT	111
\\	反斜杠字符“\”	\	092
\'	单引号字符	'	044
\"	双引号字符	"	034
\?	问号	?	063
\0	空字符	NUL	0
\ddd	1~3 位八进制数所代表的字符		0DDD
\xhh	1~2 位十六进制数所代表的字符		0xHH

转义字符包含两个或多个字符,但它只代表一个字符。编译系统在见到字符“\”时,会接着找它后面的字符,把它处理成一个字符,在内存中只占一个字节。

3. 字符串常量

一个字符序列成为处理的数据,如一个单词、一句话或一段文字等。这种字符序列称为字符串常量,一般用双引号括起来表示,如"abcd","Hello!","Shang－shang"都是字符串常量。字符串常量"abcd"在内存中占 5 个字节(而不是 4 个字节),如图 2.4 所示。

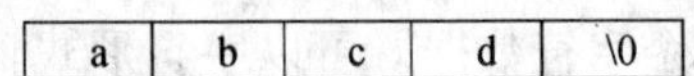

图 2.4　字符串存放示例

编译系统会在字符串最后自动加一个'\0'作为字符串结束标志。但'\0'并不是字符串的一部分,它只作为字符串的结束标志。

不要将字符常量与字符串变量混淆。字符常量是指单独一个字符;而字符串常量代表一个有穷的字符序列,也可以是长度为 1 的字符序列,甚至可以是长度为 0 的字符序列。例如:

'a'是字符常量,占 1 个字节;

"a"是字符串常量,占两个字节,即由 1 个字符 a 组成的字符串;

" "是字符串常量,占 1 个字节,即由 0 个字符组成的字符串。

再如"abcd\n"包含 5 个字符,内存中占 6 个字节,其中"\n"是一个转义字符。

4. 字符数据在内存中的存储形式及其使用方法

在内部存储方面,字符串常量占用连续的存储单元。字符串常量中的每个字符按照顺序

存放在这片连续单元中，在最后的字符后面加一个字符'\0'作为字符串结束标志。

'a'在内存的存放形式：| a |；

"a"在内存的存放形式：| a | \0 |；

" "在内存的存放形式：| \0 |

将一个字符常量存放到内存单元时，实际上并不是把该字符本身放在内存单元中去，而是将该字符相应的 ASCII 代码放到存储单元中。如果字符变量 c1 的值为'A'，c2 的值为'B'，则在变量中存放的是'A'的 ASCII 码 65，'B'的 ASCII 码 66，如图 2.5(a)所示。实际上在内存中是以二进制形式存放的，如图 2.5(b)所示。

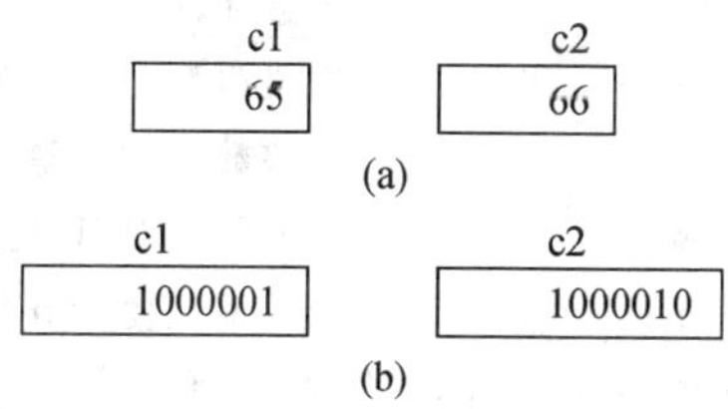

图 2.5　字符在内存中的存放形式

在 C++中字符数据和整型数据之间可以通用，一个字符数据可以赋给一个整型变量；反之，一个整型数据也可以赋给一个字符变量。对字符数据也可以进行算术运算，此时相当于对它们的 ASCII 码进行算术运算。

例 2.1　将字符 A 和 B 赋给整型变量。

```
#include<iostream.h>                     // 预处理命令
void main()                              // 主函数首部
{                                        // 函数体开始
int x,y;                                 // 定义整型变量 x 和 y
x='A';                                   // 将一个字符常量 A 赋给整型变量 x
y='B';                                   // 将一个字符常量 B 赋给整型变量 y
cout<<"x = "<<x<<'\n';                   // 输出整型变量 x 的值,'\n'是换行符相当于 endl;
cout<<"y = "<<y<<endl;                   // 输出整型变量 y 的值
}                                        // 函数结束
```

程序运行结果：

```
x = 65
y = 66
```

在一定条件下，字符型数据和整型数据是可以通用的。本例中 x 和 y 被指定为整型变量，将字符'A'和'B'分别赋给 x 和 y，因为'A'和'B'的 ASCII 码为 65 和 66 直接存放到 x 和 y 的内存单元中。因此输出 65 和 66，其中字符数据只占一个字节，它只能存放 0～255 范围内的整数。

2.2.4　符号常量

在程序运行过程中，C++可以包括整型、实型、字符、字符串等各种类型的常量。可以定义一个“名字”来代表这些常量。当用一个标识符代表一个常量时，称为符号常量。即符号常量是以标识符形式出现的常量，把直接出现在程序中的常量称为文字变量。

C++定义符号常量的格式如下：

#define<标识符><常量>

#define 是 C++的预处理指令，说明程序中的<标识符>都代表了<常量>。

例 2.2 符号常量的使用。

```
#define PRICE 10                            // 定义符号常量 PRICE。注意此行是预处理命令，
                                            // 不是语句，末尾不要加分号
#include<iostream.h>                        // 预处理命令
void main()                                 // 主函数首部
{                                           // 函数体开始
    int n,sum;                              // 定义整型变量 n 和 sum
    n=5;                                    // 将整数 5 赋给整型变量 n
    sum=n*PRICE;                            // 将 n 与 PRICE 的乘积赋给整型变量 sum
    cout<<"n = "<<n<<'\n';                  // 输出整型变量 n 的值
    cout<<"PRICE= "<<PRICE<<'\n';           // 输出符号常量 PRICE 的值
    cout<<"sum = "<<sum<<'\n';              // 输出整型变量 sum 的值
}                                           // 函数结束
```

程序运行结果：

```
n = 5
PRICE= 10
sum = 50
```

PRICE 称为符号常量，即在程序中出现的 PRICE 都用 10 代入，可以和常量一样进行运算。成为常量的“名字”的标识符要能够反映该常量的意义。应注意符号常量虽然有名字，但不是变量。一般情况下，符号常量名用大写字母组成，如果用多个单词来描述一个符号常量，那么这些单词之间可以用下划线分隔，如 TOTAL_SCORE 等。程序中应当尽量减少文字常量的出现次数，尽量多使用符号常量。

使用符号常量的好处是：

(1)含义清楚。例 2.2 中从符号常量 PRICE 的文字含义就知它代表“价格”。因此定义符号常量名时应考虑“见名知意”。在一个规范的程序中不提倡使用很多的直接常量，如，sum=15*20*25*30。在看程序时往往搞不清各个常数究竟代表什么。应尽量使用“见名知意”的变量名和符号常量。

(2)在需要改变一个常量时可“一改全改”。若程序中多处用到某物品的价格，价格用符号常量表示，则在价格调整时，只需改动定义 PRICE 行即#define PRICE 15，在程序编译时，先对预处理命令进行处理，把程序中凡有 PRICE 的地方全部替换成 15。

2.3 变量

C++程序中，除了常量以外，一般将在程序运行过程中，对动态变化的数据对象其值可

以改变的量称为变量。一个变量应该有一个名字,并在内存中占据一定的存储单元。在该存储单元中存放变量的值。

2.3.1 变量定义

变量是指在程序运行期间其值可以改变的量。分为变量名和变量值两部分,变量名代表内存中的一个存储单元,在对程序编译连接时由系统给每一个变量分配一个地址。在 C++ 程序中变量可以有 4 种存储类别描述符:auto,register,static 和 extern。不同的存储类别决定了变量在内存中存在的时间。auto 是缺省的存储类别。变量名一般是由以小写字母开头能够反映变量意义的英文单词组成,如果需要用多个单词来命名变量,那么第一个单词的首字母小写,后续单词的首字母大写,必要时可以对较长的单词进行缩写。

X [5] 存储单元
变量名 变量值

图 2.6 变量名含义

图 2.6 变量名代表内存中的一个存储单元,在对程序编译连接时由系统给每一个变量分配一个地址。在程序中从变量中取值,实际上是通过变量名找到对应的内存单元取值。变量名定义时大写字母和小写字母被认为是两个不同的字符,如 sum 和 SUM 是两个不同的变量名。一般地,变量名用小写字母表示,和人们日常命名习惯一致,以增加程序的可读性。变量名不能与 C++ 规定的关键字、系统函数名和类名相同。有的程序员常使用一种被称为匈牙利变量的命名方法,即在变量前面加一个字母以表示该变量的类型,如 iSum 表示一个整型变量。

在 C++ 语言中,变量的定义在第一次使用该变量之前进行定义,所有用到的变量作强制定义,即“先定义,后使用”。定义变量的一般有以下二种形式是

变量类型 变量名 1,变量名 2,变量名 3……;

变量类型 变量名 1=变量初值,变量名 2=变量初值,变量名 3=变量初值……;

如 int a,b,c,x,y,sum;定义 a,b,c,x,y,sum 为整型变量,各变量间以逗号分隔,分号结束该变量定义语句。

如 float pi=3.14,a,b=12,c=69.8,d;定义变量时指定变量的初值,其中变量 pi,b,c 指定了初值,a,d 未指定初值。

2.3.2 变量说明

变量是数据在程序中出现的主要形式,在变量首次出现在程序中应给予说明。变量说明的格式为:

[存储类]<类型名或类型定义><变量名表>;

如:static long m,n;

auto float x=7.8;

其中[存储类]的方括号表示可以缺省,分为五种:

(1) auto 自动变量;

(2) register:寄存器变量;

(3) static:静态变量;

(4) extern:外部变量;

(5) 缺省:按自动变量处理。变量的存储类属性将在第五章中介绍。

类型名或类型定义:任何变量说明语句中,必须包含数据类型的说明,不可默认。例子中long,float就是变量的类型说明。对于有些用户定义的类型,可以直接把类型定义本身作为变量的类型说明。如:

enum day{sun,mon,tue,wen,thu,fri,sat}d1=thu,d2;

变量名表:列出该说明语句所定义的同一类型的变量及其初值,其格式为:

＜变量名＞[=＜表达式＞],＜变量名表＞

2.3.3 常变量

常变量(constant variable)在定义变量时赋予类型和值说明语句的格式为:

const＜类型名＞＜常量名＞=＜表达式＞;

如:const int N=200;

　const float pi=3.1416;

语句必须以关键字const开头,＜类型名＞:限定为基本类型(int、float、char、bool)及其派生类型;＜常量名＞:标识符;＜表达式＞:其值应与该常量类型一致的表达式(常量和变量也是表达式)。

常变量类型前加上关键字const,即变量的值在程序运行期间不能改变。如const int x=1;用const来声明这种变量x的值不能改变,指定其值始终为1。

在定义常变量时必须同时对它初始化,即赋初值,此后它的值不能再改变。从计算机实现的过程中,常变量的特征是存在一个以常变量名命名的存储单元,再加上一个限定使存储单元中的值不允许变化,因此常变量又称为只读变量(read-only-variable)。

2.4 运算符

C++提供了丰富的运算符(操作符)以实现各种运算功能,主要包括:算术运算符、关系运算符、逻辑运算符、位运算符、赋值运算符等。除此之外,按参加某一类运算的运算符分量的个数,运算分为单目运算、双目运算以及三目、多目运算。

单目:＜单目运算符＞＜运算分量＞或＜运算分量＞＜单目运算符＞

双目:＜左运算分量＞＜双目运算符＞＜右运算分量＞

三目和多目:C++语言中只有一种三目运算,即条件运算符,把函数调用视为一般多目运算。

每种运算符都有一个优先级。优先级是用来标志运算符在表达式中的运算顺序的。优先级高的先作运算,优先级低的后作运算,优先级相同的由结合性决定计算顺序。

(1)同一优先级的运算符,运算次序由结合方向决定。

(2)不同的运算符要求有不同的运算对象个数。

(3)各类运算优先级按给出顺序递减:初等运算符、单目运算符、算术运算符、关系运算符、逻辑运算符、条件运算符、赋值运算符和逗号运算符。初等运算符优先级最高,逗号运算符优先级最低。

为便于记忆可参考下面提供的记忆方法:去掉一个最高的元素/成员,去掉一个最低的逗号,剩下是一、二、三赋值;算术、关系和逻辑、移位、逻辑位插中间。意义是最高优先级的是元

素/成员，优先级最低的是逗号，剩下的是单目运算符、双目运算符、三目运算符和赋值运算符。双目运算符优先级的关系是先算术，再关系，后逻辑，移位和逻辑位插在算术和关系之间。

结合性即结合方向是决定运算顺序的一种标志。在优先级相同的情况下，表达式的计算顺序便由结合性来确定。结合方向分为二类：从左到右的，按人们习惯的计算顺序；从右到左的，只有 3 类运算符有单目、三目和赋值。

2.4.1　算术运算符

1. 基本的算术运算

表 2.5 列出基本的算术运算符如下所示。

表 2.5　基本算术运算符

符　号	运算符	功　能
+	加法	加法运算结果为两个操作数的和
−	减法	减法运算结果为左操作数减去右操作数的差
*	乘法	乘法运算结果为两个操作数的乘积
/	除法	除法运算结果为左操作数除以右操作数的商
%	求余	模运算结果为左操作数除以右操作数的余数

以上 5 种运算符都是二元(二目)运算符，也就是说，它们都要求有两个操作数，即左操作数和右操作数，即＜操作数＞＜二元算术运算符＞＜操作数＞

对于操作数的数据类型包括两方面的含义：值的集合和数据上的运算。上述运算符中，＋，－，* 和/可以施加于整数和实数类型上，分别代表整数和实数上的加、减、乘、除运算，其结果类型与操作数的类型相同。求余运算%只用于整型数据，其结果也是整型两个整数相除的结果为整数，如 8/3 的结果值为 2，舍去小数部分；如果除数或被除数中有一个为负值，其舍入的值是不固定的，如－8/3 在有的 C＋＋系统中的结果－3，有的 C＋＋系统中的结果－2。多数编译系统采取“向零取整”(直接去商的小数部分)的方法，即 8/3 的值等于 2，－8/3 的值等于－2，取整后向零靠拢。

在 C＋＋运算中对所有 float 型数据都按 double 型数据处理，若参加＋，－，* 和/运算的两个数中有一个数为 float 型数据，则运算的结果是 double 型。即如果两个操作数的类型不同，C＋＋会对操作数作隐式的类型转换，使得两个操作数具有相同的数据类型。总之，将类型较低的操作数转换成较高的数据类型，运算结果也具有较高的数据类型。

2. 自增和自减运算符

自增(＋＋)和自减(－－)运算符的作用是使变量的值增 1 或减 1，不同功能如表 2.6 所列。

表 2.6　自增和自减的不同功能

示例	运算符名称	功能分析
++i	前自增	在使用 i 之前，先使 i 的值加 1，如果 i 的原值为 3，则执行 x=＋＋i;后，x 的值为 4，即 x 增加后的新值为运算结果

续表 2.6

示例	运算符名称	功能分析
i++	后自增	在使用i之后，再使i的值加1，如果i的原值为3，则执行x=i++;后，x的值为3，然后i变为4，即x增加前的旧值为运算结果
--i	前自减	在使用i之前，先使i的值减1，如果i的原值为3，则执行x= --i;后，x的值为2，即x减少后的新值为运算结果
i--	后自减	在使用i之后，再使i的值减1，如果i的原值为3，则执行x= i--;后，x的值为3，然后i变为2，即x减少前的旧值为运算结果

虽然++i和i++的作用均相当于i=i+1但++i和i++不同之处在于++i是先执行i=i+1后，再使用i的值；而i++是先使用i的值后，再执行i=i+1。正确使用自增(++)和自减(--)运算符需注意以下三点：

(1) 自增(++)和自减(--)运算符只能用于变量，不能用于常量或表达式的运算中。++和--运算符常用于C++的循环语句中，使循环变量自动加1或减1，也常用于指针变量，使指针指向下一个地址。

(2) 自增(++)和自减(--)运算符的结合方向是"自右至左"，而算术运算符的结合方向为"自左向右"。如-i++，i的左面是负号运算符，右面是自加运算符。负号运算符和"++"运算符同优先级，结合方向为右结合，即-(i++)，若i的原值等于3，先取出i的值3，输出—i的值—3，然后i值增为4。那么按左结合相当于(--i)++错在哪里呢？因为表达式不能进行自加或自减运算，故(--i)++是不合法的。

(3) 自增(++)和自减(--)运算符使用十分灵活，但在某些情况下会产生歧义性，为此不易过多地依赖使用自增(++)和自减(--)运算符的技巧，要遵循C++标准的编译规则，易于理解的原则。

2.4.2 关系运算符

现实世界中通常需要对所研究的数据进行比较，为此C++提供了一组关系运算符，以实现对数据进行关系比较。关系运算符都是双目的，共有如下6种：

>(大于)，<(小于)，>=(大于等于)，<=(小于等于)，= =(相等)和！=(不相等)前面4种的优先级高于后面的两种。关系运算符的优先级低于算术运算符，关系运算的结果反映了操作数的大小关系，为布尔类型(bool)，即true和false，有些编译系统中，常常将逻辑真用1表示，逻辑假用0表示，即数字1和0表示真和假。

关系运算符是由两个字符组成的，书写时两个字符间不能加空格。如：1>=0结果为true，2！=2+0结果为false。

2.4.3 逻辑运算符

对于关系运算符能够得到布尔型的结果，但仅有这些简单的条件测试不能满足现实世界中复杂的逻辑计算问题。当需要判断各种复杂的组合条件时，还须程序提供逻辑运算的能力，C++提供了3种逻辑运算符：

单目(一元)逻辑运算符有：！(逻辑求反)；

双目(二元)逻辑运算符有:&&(逻辑与)、||(逻辑或)。

表 2.7 列出其具体运算情况。

表 2.7　3 种逻辑运算符具体运算情况

	!(逻辑求反)		&&(逻辑与)				||(逻辑或)			
操作数 1	0	1	0	1	0	1	0	1	0	1
操作数 2			0	0	1	1	0	0	1	1
运算结果值	1	0	0	0	0	1	0	1	1	1

其中,逻辑与"&&"的优先级高于逻辑或"||",逻辑非! 的优先级最高。逻辑求反是真值求反后为假,假值求反后为真;逻辑与是两个操作数都为真时结果为真,有一个操作数为假时结果为假;逻辑或是两个操作数都为假时结果为假,有一个操作数为真时结果为真。在结合性质上,逻辑非"!"是右结合,而逻辑与"&&"和逻辑或"||"为左结合。

在计算逻辑表达式时,C++遵循一种所谓"短路计算法",即按照逻辑运算符的优先顺序和结合性质,只要计算部分表达式就可以确定整个表达式的结果,就不再计算表达式的剩余部分,对于 A&&B,只有当计算了 A 得到的结果为 true 时,才需要计算 B 的值,以确定整个表达式的值,对于逻辑或"||",只有当左操作数的结果为 false 时,才需要计算右操作数的值,该值即为整个表达式的值。

2.4.4　位运算符

位操作运算符是用来进行二进制位运算的运算符,分为两类:逻辑位运算符和移位运算符。

1. 逻辑位运算符

单目逻辑位运算符:~(按位求反)

双目逻辑位运算符:&(按位与)、|(按位或)、^(按位异或)

其中,在双目逻辑位运算符中按位与"&"的优先级高于按位异或"^",按位异或^的优先级高于按位或"|"。逻辑位运算符实质上是算术运算符,因为用该运算符组成的表达式的值是算术值;按位求反是将各个二进制由 1 变 0,由 0 变 1;按位与是将两个二进制位的操作数从低位(最右边位数)到高位依次对齐后,每位求与,结果是只有两个 1 时才为 1,其余为 0;按位或是将两个二进制位的操作数从低位到高位依次对齐后,每位求或的结果是只有一位为 1 时就为 1,其余为 0;按位异或是将两个二进讲制位的操作数从低位到高位依次对齐后,每位求异或的结果是只有两位不同时为 1,否则为 0。

例如:char a=37,b=44;

a=37	0 0 1 0 0 1 0 1
b=44	0 0 1 0 1 1 0 0
~a 的值	1 1 0 1 1 0 1 0
~b 的值	1 1 0 1 0 0 1 1
a & b 的值	0 0 1 0 0 1 0 0
a|b 的值	0 0 1 0 1 1 0 1
a ^ b 的值	0 0 0 0 1 0 0 1

2. 移位运算符

移位运算符都是双目的,它们是:<<(左移),>>(右移)。

移位运算符组成的表达式的值也是算术值。左移是将一个二进制的数按指定移动的位数向左移位,移掉的被丢弃,右边移出的空位一律补0;右移是将一个二进制的数按指定移动的位数向右移位,移掉的被丢弃,左边移出的空位或者一律补0,或者补符号位(由机器而定)。在使用补码作机器数的机器中,正数的符号为0,负数的符号位为1。

例如:char a=37,b=44;

a=37	0 0 1 0 0 1 0 1
b=44	0 0 1 0 1 1 0 0
a<<1	0 1 0 0 1 0 1 0
b>>1	0 0 0 1 0 1 1 0

2.4.5 赋值运算符

赋值运算符为赋值符号"=",作用是将一个数据赋给一个变量。

如 x=3 的作用是执行一次赋值操作或称赋值运算,把常量3赋给变量x。

赋值运算符两侧的类型不一致,但都是数值型或字符型时,在赋值时会自动进行类型转换。

(1) 将浮点型数据(包括单、双精度)赋给整型变量时,舍弃其小数部分。如i为整型变量,执行"i=6.78"的结果是使i的值为6,在内存中以整数形式存储。

(2) 将整型数据赋给浮点型变量时,数值不变,但以指数形式存储到变量中。如f为单精度变量,执行"f=12"的结果是将12赋给float型变量f,按单精度指数形式存储在f中。如d为双精度变量,执行"d=12"的结果是将12赋给double型变量d,按双精度指数形式存储在d中。

(3) 将一个double型数据赋给float变量时,精度发生损失。

如:

```
float f;
double d=9.87654321;
f=d;
cout<<f;                    // f的值为9.87654
```

(4) 字符型数据赋给整型变量,将字符的ASCII码赋给整型变量。

(5) 将一个int,short或long型数据赋给一个char型变量,只将其低8位二进制数截断送到char型变量。

如:

```
short int i=144;
char c;
```

c＝i；

将一个 int 型数据赋给一个 char 型变量赋值情况如图 2.9 所示。以一个 int 型数据占两个字节(16 位)的情况来说明，一个 int 型数据占 4 个字节(32 位)的情况类似。在变量 c 的存储单元中存放了 0010000，即十进制数 16。用“cout＜＜c；”语句输出 c 的值为 16。

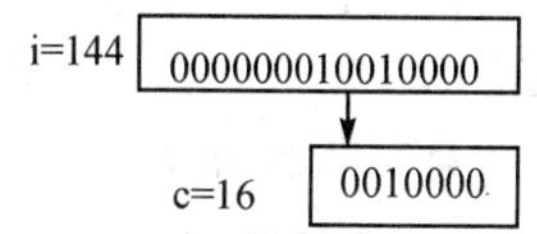

图 2.7　整型数给字符型变量赋值

(6) 将有符号 signed 型数据赋给长度相同的无符号 unsigned 型变量，将存储单元内容连同原有符号位作为数值一起传送。

复合运算符是在赋值符“＝”之前加上其他的运算符，如以下几种复合赋值运算符：＋＝，－＝，＊＝，/＝，%＝，＜＜＝，＞＞＝，&＝，|＝其中后四种是有关位运算符。

如：

a＋＝5；　　　　等价于 a＝a＋5；先执行 a 加 5，再赋给 a。
M ＊＝N＋6；　　等价于 M＝M ＊(N＋6)；先执行 M 乘以(N＋6)，再赋给 M。
x %＝7；　　　　等价于 x＝x%7；先执行 x 对 7 取余，再赋给 x。

凡是二元(二目)运算符，都可以与赋值符一起组合成复合赋值符。若赋值符右侧包含若干项的表达式，需将其用括号括起。C＋＋采用复合运算符的方法是为了简化程序，使程序精炼，提高编译效率。

2.4.6　其他运算符

1. 条件运算符

也称三目运算符，C＋＋中仅有一个三目运算符。该运算符需要三个操作数，是一种功能很强的运算符，条件运算符格式如下：

＜操作数 1＞？＜操作数 2＞：＜操作数 3＞

其功能是先计算＜操作数 1＞的值，并且进行判断，如果为非零，则表达式的值为＜操作数 2＞的值，否则表达式的值为＜操作数 3＞的值，而表达式的类型为＜操作数 2＞和＜操作数 3＞中类型较高的那个的类型。

2. 指针运算符

指针运算符包括取地址运算符“&”和值引用运算符“＊”，它们都是单目运算符，使用的格式分别为：&＜变量＞其中变量是一个已经说明过的变量名；＊＜指针变量＞，其中指针变量是一个指针变量名。

如 int a，b＝5，＊p＝&b，a＝＊p；其中 &b 表示变量 b 的地址，p 赋初值为 &b，＊p 表示指针变量 p 所指向的变量 b，再把变量 b 中的值 5 赋给变量 a。

指针运算符的使用参见第 6 章介绍。

3. 逗号运算符

逗号运算符是将两个或两个以上的式子连接起来，又称“顺序求值运算符”，即使用逗号运算符“，”可以将多个表达式组成一个表达式。逗号运算符格式如下：

＜操作数 1＞，＜操作数 2＞，＜操作数 3＞……

其中＜操作数 1＞，＜操作数 2＞，＜操作数 3＞可为表达式。整个逗号表达式的值和类

型由最后一个表达式决定。其优先级是所有运算符中最低的，计算一个逗号表达式的值时，从左至右依次计算各个表达式的值，最后计算的一个表达式的值和类型便是整个逗号表达式的值和类型。

逗号运算符并未进行实际的数据处理，但它可以使程序简明。

4. 函数调用符

"()"作为函数调用的运算符用于函数调用：

<函数名>(<实参表>)；

例如：main()，add(x,y)；

5. 字长提取符

sizeof 运算符是用来返回其后的类型说明符或表达式所表示的数在内存中所占有的字节数的。该运算符有两种使用形式如下：

sizeof(<类型说明符>)；

sizeof(<表达式>)；

如：

```
int a[5];                          // 定义数组 a 为整型变量
sizeof(int);                       // 返回 int 型数占内存的字节数
sizeof  a;                         // 数组 a(表达式)占内存的字节数
sizeof(a)/sizeof (int);            // 数组 a 的元素个数
```

当表达式为变量名时，括号()可以省略。使用 sizeof 运算符可测试 C++中的各种数据类型在使用的机器上所占内存的字节数，了解不同类型数据在系统内实际分配的内存情况。

6. 动态分配符

new 和 delete 是 C++语言提供的用于动态数据生成和释放的单目运算符，其格式为：

new<类型名>

new<类型名>[size]

new<类型名>(<初值>)

delete<指针变量>

delete[ ]<指针变量>

new 运算用来生成一个无名的动态变量。它返回一个该类型的指针值，在程序中利用指针对这个变量进行操作。

delete 运算用来释放或撤销由 new 生成的动态变量。关于 new 和 delete 动态分配运算符的使用将在第 6 章介绍。

7. 数组下标运算符

数组下标运算符[ ]格式为：<数组名>[<下标表达式>]

其运算的过程是计算下标表达式，并以该值作为下标返回数组的对应元素。其作用相当于一个变量，称为下标变量。关于[ ]数组下标运算符的使用将在第 4 章介绍。

8. 限定运算符

限定运算符包括二种。作用域限定符"::"和成员选择符"."和"->"。我们将在后续章节中详细讲解。

2.5 表达式

表达式是由运算符和操作数组成的式子。运算符在 C++中是很丰富的，操作数包含了常量、变量、函数和其他一些命名的标识符。在书写表达式中应注意如下 4 点：

(1) 在表达式中，连续出现两个运算符时，最好用空格符分隔。如 x=a+ ␣ ++b。

(2) 在写表达式中，有时对某种运算符的优先级记不清时，可使用括号来改变优先级。

(3) 双目运算符的左右可以用空格符与操作数分开。

(4) 过长的表达式常常分成几个表达式来写。

2.5.1 表达式的种类

由于 C++中运算符很丰富，表达式的种类也很多。一个表达式的类型是由运算符的种类和操作数的类型决定的。常见的表达式有如下 6 种。

1. 算术表达式

算术表达式是由算术运算符和操作数组成的表达式。其表达式的值是一个数值。表达式的类型具体地由运算符和操作数确定。

在算术表达式中，各操作数的类型相同时，表达式的类型是操作数的类型；当各操作数的类型不同时，表达式的类型是操作数中类型最高的操作数的类型。

例如：

```
5%2        =1
-5%2       =-1
1%10       =1
5%1        =0
```

再如：

```
j=3; k=++j; // k=4,j=4
j=3; k=j++; // k=3,j=4
j=3; cout<<++j; // 4
j=3; cout<<j++; // 3
a=3;b=5;c=(++a)*b; // c=20,a=4
a=3;b=5;c=(a++)*b; // c=15,a=4
```

2. 关系表达式

由关系运算符组成的表达式为关系表达式。其常用作条件语句和循环语句中的条件表达式。关系表达式值的类型是逻辑类型。在有些编译系统中没有 bool 类型时，将逻辑值用 1 和 0 表示。其中 1 表示真，0 表示假。

例如：

```
int a=3,b=2,c=1,d,f;
a>b                        // 表达式值 1
(a>b)==c                   // 表达式值 1
```

```
b+c<a                          // 表达式值 0
f=a>b>c                        // 表达式值 0,f=0
```

3. 逻辑表达式

由逻辑运算符组成的表达式称为逻辑表达式。逻辑表达式的值的类型为逻辑型。在由&&和“||”运算符组成的逻辑表达式中,C++规定只对能够确定整个表达式值所需要的最少数目的子表达式(操作数)进行计算,即在由若干个子表达式或操作数组成的一个逻辑表达式中,从左至右计算子表达式的值。当计算出一个子表达式的值后便可确定整个逻辑表达式的值时,后面的子表达式就不再计算了。这就是前面所说的短路现象。

例如:int a,b;

```
a=99;
b=5;
! a&&a++&&a*b;
```

在逻辑表达式! a&&a++&&a*b;中,当计算出! a 的值为 0 时,即可确定整个表达式的值为 0,后面的子表达式 a++和 a*b 就不再计算了。

4. 赋值表达式

赋值表达式是由赋值运算符将一个变量和一个表达式连接起来的式子。一般格式如下:

<变量名><赋值运算符><表达式>;

对赋值表达式求解的步骤是:先求赋值运算符右侧的“表达式”的值,然后赋给赋值运算符左侧的变量。表达式中变量对应的值是唯一的,赋值运算符左侧的标识符称为“左值”。并不是任何对象都可作为左值的,变量可以作为左值,但常变量或变量进行运算(如 a+b)就不能作为左值。出现在赋值运算符右侧的表达式称为“右值”。显然左值也可以出现在赋值运算的右侧,因此左值可以作为右值。

例如:

```
int a=5,b,c;
b=a;                           // b 是左值
c=b;                           // b 也是右值
```

赋值表达式中的“表达式”,也可以是一个赋值表达式。如 x=(y=1)括号内的“y=1”是一个赋值表达式,它的值等于 1。执行表达式“x=(y=1)”相当于执行“y=1”和“x=y”两个赋值表达式。因此 x 的值等于 1,整个赋值表达式的值也等于 1。试分析下面的赋值表达式:

```
a=(b=3)+(c=7);                 // 表达式的值为 10,a 值为 10,b 等于 3,c 等于 7
a=(b=30)/(c=2);                // 表达式的值为 15,a 值为 15,b 等于 30,c 等于 2
(a=3*5)=4*3;
```

先执行括号内的运算,将 15 赋给 a,然后执行 4*3 的运算,得 12 赋给 a,整个表达式的值是 12。可见(a=3*5)出现在赋值运算符的左侧,即赋值表达式(a=3*5)是左值。赋值表达式作为左值时应加括号,执行(a=3*5)=4*3;后将 4*3 的积 12 赋给变量 a。

赋值表达式也可以包含复合的赋值运算符。如 x+=x-=x++;也是一个赋值表达式。将 x 赋值为 5,此赋值表达式的求解步骤:先进行“x-=x++”的运算,它相当于 x= x-(x++)=6-5=1,再进行“x+=1”的运算,它相当于 x=x+(1)=1+1=2。

C++将赋值表达式作为表达式的一种，使赋值操作不仅可以出现在赋值语句中，而且允许以表达式的形式出现在其他语句（如输出语句、循环语句等）中，如在一条语句中完成了赋值和输出双重功能“cout<<(m=n),n=10;”则输出结果为 10。

5. 条件表达式

由三目运算符组成的表达式称为条件表达式。因为三目运算符具有 if－else 语句的功能，条件表达式的值取决于“?”号前面的表达式的逻辑值。该表达式的值为非零时，整个条件表达式的值为:号前面的表达式的值，否则为“:”号后面表达式的值。条件表达式的类型是“:”号前和后两个表达式中类型高的一个表达式的类型。

例如：

```
int x=-3;
x>0? 1:(x<0? -1 : 0)
```

则表达式的值为－1。

6. 逗号表达式

逗号表达式是用逗号运算符将两个表达式连接起来，逗号表达式的一般格式为：

表达式 1，表达式 2，表达式 3，…，表达式 n

逗号表达式的求解过程为：先求解表达式 1，再求解表达式 2，再求解表达式 3，再求解表达式 4…，直到求到最后一个表达式 n 的值，整个逗号表达式的值是最后一个表达式 n 的值。如：x=3+4,5+6;逗号表达式的值为 11。再如：y=2＊3,y＊4;此逗号表达式中包含赋值运算符的优先级别高于逗号运算符，应先求解 y=2＊3=6，然后求解 y＊4，得 24，整个逗号表达式的值为 24。

一个逗号表达式可以与另一个表达式组成一个新的逗号表达式。逗号运算符是所有运算符中级别最低的，因此，下面两个表达式的作用是不同的：

(1) a=(b=5,b＊3);

(2) a=b=5,b＊3;

第一个是一个赋值表达式，将括号内的逗号表达式的值 15 赋给 a，a 的值等于 15。

第二个是一个逗号表达式，包括一个赋值表达式和一个算术表达式，a 的值等于 5。

总之，逗号表达式无非是把若干个表达式“串联”起来。使用逗号表达式的目的只是想分别得到各个表达式的值，而并非一定需要得到和使用整个逗号表达式的值。

2.5.2　表达式中的类型转换

C++中允许不同类型的数据进行转换。类型转换是指把一种类型的数据转换成另一种类型的数据。由于各种数据类型在表示范围和精度上是不同的，所以有的转换不会丢失数据的精度，而有的转换会丢失数据的精度。如将 int 类型数据转换成 double 类型，不会导致数据的改变，而将 double 类型的数据转换成 int 类型，则会截去 double 的小数部分，从而可能改变数据的值。C++按照各种数据类型的表示范围和精度，将各种数据类型由高到低做排序，如表 2.8 所示，C++中规定了一个“提升规则”，说明如何保证当一种数据类型转换为另一种数据类型时不会丢失数据的精度。类型转换有两种：隐式类型转换和强制类型转换。

表 2.8 数据类型的表示范围和精度级别

数据类型	
long double	高
double	
float	
unsigned long int	
long int	
unsigned int	
int	
unsigned short int	
short	
unsigned char	
char	低

1. 隐式类型转换

隐式类型转换由系统自动隐含地进行。当表达式中操作数据的类型不同时，要进行隐式类型转换，使表达式的数据类型相同。转换规则如下：

(1) 在算术表达式中如有 char、short 和 enum 类型的数据时，自动将它们转换成 int 类型。

(2) 在算术表达式中不同类型的数据转换成精度最高、占用内存最多的那个数据的类型。

(3) 在赋值表达式中，自动将赋值运算符右边表达式的值的类型转换成左边变量的类型。若左边变量类型的精度低于右边表达式值的类型时，可能会丢失数据的精度。

2. 强制类型转换

强制类型转换也称为显式类型转换，把表达式值的类型强制转换成指定的类型。格式为：

(＜*类型*＞)＜*表达式*＞*或者*＜*类型*＞(＜*表达式*＞)

如(double)3/2 其值是双精度数 1.5，而 double(3/2)其值是双精度数 1.0。两者的区别是前者是先把整数 3 强制转换成双精度类型，再除以 2 隐式转换成双精度类型，而后者是先计算 3/2 得值 1，再把 1 转换成双精度类型 1.0。

在类型转换中，由精度低、占用内存少的数据类型转换成精度高、占用内存多的数据类型时，仅改变类型，不改变它的值；反之，不仅改变类型，也可能改变其值，使用时要注意。

习题二

一、选择题

1. 在 32 位机中，int 型字宽为(　　)字节。

A. 2　　B. 4　　C. 6　　D. 8

2. 类型修饰符 unsigned 修饰(　　)类型是错误的。

A. char　　B. int　　C. long int　　D. float

3. 下列十六进制的整型常数表示中，(　　)是错误的。

A. Oxaf　　B. OXlb　　C. 2fx　　D. OxAE

4. 下列 double 型常量表示中，(　　)是错误的。

A. E15　　B. 35　　C. 3E5　　D. 3E−5

5. 下列字符常量表示中，(　　)是错误的。

A. '\105'　　B. '*'　　C. '\4f'　　D. '\a'

6. 下列字符串常量表示中，(　　)是错误的。

A. "\" yes\"or\"No\"　　B. "\'OK\'"　　C. "abcd\n"　　D. "ABC\0 "

7. 下列各运算符中，(　　)不能作用于浮点数。

A. ||　　B. &&　　C. !　　D. ~

8. 下列各运算符中，(　　)优先级最高。

A. +(双目)　　B. *(单目)　　C. <=　　D. *=

9. 下列表达式中，(　　)是非法的。已知：int a=5;float b=5.5;

A. a%3+b　　B. b*b&&++a

C. (a>b)+(int(b)%2)　　D. −−−a+b

10. 下列关于类型转换的描述中，(　　)是错误的。

A. 在不同类型操作数组成的表达式中，其表达式类型一定是最高类型 double 型

B. 逗号表达式的类型是最后一个表达式的类型

C. 赋值表达式的类型是左值的类型

D. 在由低向高的类型转换中是保值转换

二、读程序写结果

1.

```
#include<iostream.h>
void main()
{
    int a(7),b(8);
    a=a|b<<2&&~b;
    cout<<"b="<<b<<'\t'<<"a="<<a<<endl;
    a=19,b=7;
    a=(a&035)|(b&~0xf3)>>1;
    cout<<"b="<<b<<'\t'<<"a="<<a<<endl;
}
```

2.

```
#include<iostream.h>
void main()
{
    char x('a'),y('b');
    int n;
    n=x<y;
    cout<<n<<endl;
    n=x==y-1;
    cout<<n<<endl;
    n=x^y;
```

```
    cout<<n<<endl;
    n=5>3;
    cout<<n<<endl;
    n=('y'! = 'Y')+(5>3)+(x^=y)+(y-x==1);
    cout<<n<<endl;
}
```

3.

```
#include<iostream.h>
void main()
{
    int a,b,c;
    a=b=c=1;
    ++a&&--b&&++c;
    cout<<a<<'\t'<<b<<'\t'<<c<<endl;
    --a||++b||++c;
    cout<<a<<'\t'<<b<<'\t'<<c<<endl;
    a=b=c=-1;
    ++a&&++b||++c;
    cout<<a<<'\t'<<b<<'\t'<<c<<endl;
    ++a||--b&&--c==C++;
    cout<<a<<'\t'<<b<<'\t'<<c<<endl;
}
```

4.

```
#include<iostream.h>
void main()
{
    int a(3),b(4),c;
    c=a>b? ++a:++b;
    cout<<a<<","<<b<<","<<c<<endl;
    c=a-b? a+b:a-3? b:a;
    cout<<a<<","<<b<<","<<c<<endl;
}
```

5.

```
#include<iostream.h>
void main()
{
    int a(10),b(3);
    b%=(a++)-(--a)+b==b++;
    cout<<"b=="<<b<<"\t"<<"a=="<<a <<endl;
}
```

三、编程题

1. 请写出 C++语句声明一个常量 PI，值为 3.1416；再声明一个浮点型变量 a，把 PI 的值赋给 a。

2. 编写一个程序，运行时提示输入一个数字，再把这个数字显示出来。

3. 将“Hello”译成密码，密码规律是：用原来的字母后面第 4 个字母代替原来的字母。例如，字母 A 后面第 4 个字母是 E，用 E 代替 A。因此“Hello”应译为“Lipps”。请编写一程序，用赋初值的方法使字符变量 c1，c2，c3，c4，c5 这 5 个变量的值分别为'H'，'e'，'l'，'l'，'o'。经过运算使 c1，c2，c3，c4，c5 分别变为'L'，'i'，'p'，'p'，'s'并输出。

4. 输入一个华氏温度，要求输出摄氏温度。公式为 $c=\frac{5}{9}(F-32)$，输出时取两位小数。

第3章 预处理与程序结构

本章主要介绍C++的预处理功能和C++的各种语句，这是编程的最基本内容。预处理功能主要讲述宏定义、文件包含和条件编译命令。程序结构由多条语句构成，语句是组成程序的基本单元。语句是由关键字构成的，彼此之间用空格符分隔，C++程序中的语句是用分号来结束的。算法的基本控制结构有三种，即顺序结构、选择结构和循环结构。

3.1 预处理

C++的预处理功能是指C++源程序中可以包含使用的各种编译命令。这些编译命令由于它们是在程序被正常编译之前执行的，故称为预处理命令。而这些命令所实现的功能称为预处理功能。C++提供的预处理功能主要有以下3种：

(1) 文件包含；

(2) 条件编译；

(3) 宏定义。

预处理命令有如下特点：

(1) 在程序中都是以“#”来引导；

(2) 第一条预处理命令单独占用一行，该行不得再有其他预处理命令和语句；

(3) 预处理命令不是语句，不要用分号(;)结束；

(4) 预处理命令可以放在程序开头、中间和末尾，主要以需要而定。

3.1.1 文件包含

文件包含命令格式如下：

#include　<文件名>

或者

#include　"文件名"

其中include是关键字，文件名是指被包含的文件全名。这两种格式的区别是对文件名以尖括号(〈〉)或双引号(" ")括起。以尖括号(〈〉)括起的是指那些由系统提供的并放在指定子目录中的头文件。以双引号(" ")括起的是指那些由用户自己定义的放在当前目录或其他目录下的头文件或者其他源文件。这些文件中存放着与标准函数有关的信息，或者存放着符号常量、类型定义、类和其他复杂类型的定义以及与程序环境相关的文件扩展名为.h的文件，即可以是系统提供的，如前面程序中出现过的iostream.h便是一个系统提供的有关输入输出操作信息的头文件。头文件也有用户根据需要编写的。在定义和使用文件包含时应注意如下三点：

(1) 一个#include命令只能指定一个被包含文件，如果要包含多个文件，要用多个#include命令。例如：

```
#include   <iosteam.h>
#include   <myfile.h>
```

(2) 在一个被包含文件中又可以包含另一个包含文件，即文件包含是可以嵌套的。例如：定义了一个头文件，其名字为 myfile.h。该文件内容如下：

```
#include   " myfile1.h"
#include   "myfile2.h"
```

这里又包含了两个文件包含命令。

(3) 在定义被包含文件时，其内容不宜过多。因为过多后，常常会使被包含文件的内容利用率变低，而很多用不到的内容增加了目标文件的长度。

使用文件包含的作用有以下两点：

(1) 通过文件包含命令来实现调用库功能。在很多场合，源代码不便(或不准)向用户公布，只要向用户提供头文件和二进制的库即可。用户只须按照头文件中的接口声明来调用库功能，而不必关心接口是怎么实现的。编译器会从库中提取相应的代码。

(2) 通过文件包含命令能加强类型安全检查。如果某个接口被实现或被使用时，其方式与包含文件中的声明不一致，编译器就会指出错误。这一简单的规则能大大减轻程序员调试、改错的负担。

3.1.2　条件编译

条件编译是用来定义某些内容要在满足一定条件下才参与编译，否则将不参与编译。有时，希望在满足条件时对某一组语句进行编译，而当条件不满足时则编译另一组语句。

常用的条件编译有如下三种格式：

1. 格式一

```
# ifdef   <标识符>
   <程序段 1>
#else
   <程序段 2>
#endif
```

或者

```
# ifdef   <标识符>
   <程序段 1>
#endif
```

其中，ifdef，else 和 endif 都是关键字。<程序段 1>和<程序段 2>是由若干条预处理命令和语句组成的。其功能如下：

当<标识符>被定义，则<程序段 1>参与编译，否则<程序段 2>参与编译；在省略 #else 时，则无<程序段 2>。当<标识符>没被定义时，便去执行 # endif 后面的程序。

2. 格式二

```
#ifndef   <标识符>
```

```
   <程序段 1>
#else
   <程序段 2>
#endif
```

或者

```
#ifndef   <标识符>
   <程序段 1>
#endif
```

其中，ifndef，else 和 endif 都是关键字，其余同格式一。其功能如下：

当＜标识符＞未被定义过，则＜程序段 1＞参与编译，否则＜程序段 2＞参与编译；在省略 ＃ else 时，则无＜程序段 2＞。当＜标识符＞已被定义时，便去执行＃endif 后面的程序。

3. 格式三

```
# if   <常量表达式 1>
   <程序段 1>
# elif   <常量表达式 2>
   <程序段 2>
#elif   <常量表达式 3>
   <程序段 3>
……
#else
   <程序段 n+1>
#endif
```

其中，if，elif，else 和 endif 都是关键字。＜常量表达式 1＞是一个常量表达式，＜程序段 1＞是由若干条预处理命令和语句组成。这里，＃if 只有一个；＃elif 可以没有，也可以有多个；＃else 可以没有，也可以有一个。

这种条件编译格式可以嵌套使用。例如：

```
#if   A>20
  # if A>=5&&A<=15
    int a=1;
  #else
    int a=2;
  endif
```

例 3.1 阅读如下程序，写出运行的结果。


```
#include <iostream.h>
#define a   5
void main()
{
    #if a>0
       cout<<"a>0"<<endl;
```

```
    #elif  a<0
      cout<<"a<0"<<endl;
    #else
      cout<<"a==0"<<endl;
  #endif
}
```

3.1.3　宏定义

宏定义命令是用来将一个标识符定义为一个字符串。该标识符被称为宏名,被定义的字符串称为替换文本。

宏定义命令有两种格式:一种是不带参数的宏定义,另一种是带参数的宏定义。

1. 不带参数的宏定义

格式如下:

#define　<宏名>　<宏体>

其中,define 是关键字,<宏名>是一个标识符,<宏体>是任意的字符序列。例如:

#define　PI　3.1415926

一个标识符被定义后,该标识符便是一个宏名。当宏名出现在程序中且该程序被编译时,先将宏名用被定义的字符串替换。这称为宏替换,替换后才进行编译。宏替换是简单的代换。

例 3.2　使用不带参数的宏定义。

```
#include <iostream.h>
#define  PI   3.14159265
void main()
{
    double r,l,s,v;
    cout<<"Input radius:";
    cin>>r;
    l=2*PI*r;                    //被替换为:l=2*3.14159265*r;
    s=PI*r*r;                    //被替换为:s=3.14159265*r*r;
    v-4.0/3.0*PI*r*r*r;          //被替换为:v=4.0/3.0*3.14159265*r*r*r;
    cout<<"I="<<l<<"\n"<<"s="<<s<<"\n"<<"v="<<v<<endl;
}
```

当该程序执行时:

Input radius:3

输出结果如下:

I=18.8496

s=28.2743

v=113.097

使用不带参宏定义可以定义符号常量,但在 C++中,常用 const 来定义符号常量。

例如:

```
const double PI=3.14159265;
```

与

```
#define  PI 3.14159265
```

都是将标识符 PI 定义为 3.14159265。但是,两种又是有区别的。其主要区别有:

(1) const 将产生一个具有类型的符号,而用#define 命令仅产生文本替换。

(2) 使用 const 定义常量是一个说明语句,以分号结束;而用#define 定义常量是一个预处理命令,不能用分号结束。

一般在使用宏定义时应注意如下几点:

(1) 使用#define 定义的标识符不是变量,它只用作宏替换,因此,它不占有内存。

(2) <宏名>常常用大写字母表示,这是一种习惯约定,其目的是为了与变量名区分。<宏名>也可以用小写字母。

(3) 标识符被宏定义后,在取消这次宏定义之前,不允许重新对它宏定义。取消宏定义使用如下命令:

```
#undef  <标识符>
```

其中,undef 是关键字。该命令的功能是取消对<标识符>已有的宏定义。被取消了宏定义的标识符后可以对它重新定义。

(4) 定义可以嵌套,已被定义的标识标可以用来定义新的标识符。例如:

```
#define    WIDTH    10
#define    LENGTH    (WIDTH+50)
```

多层嵌套的宏定义在替换时是逐层替换。例如,在程序中,出现了如下语句:

```
len=LENGTH*2
```

替换后

```
len=(WIDTH+50)*2
```

再替换

```
len=(10+50)*2
```

2. 带参数的宏定义

格式:

#define <宏名>(<参数表>) <宏体>

其中,<宏名>是一个标识符。<参数表>中可以有一个参数,也可以有多个参数,多个参数用逗号分隔。<宏体>是被替换用的字符序列。在替换时,<宏体>中与〈参数表〉中相同的标识符的字符序列,被程序中所引用这个宏定义时所提供的与该标识符所对应的字符序列所替换。

例如:

```
#define  ADD(x,y)   x+y
```

如果在程序中出现如下语句:

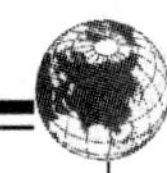

```
s=ADD(5,6);
```

则被替换为：

```
s=5+6;
```

如果程序中出现如下语句：

```
s=ADD(a+1,b+2);
```

则被替换为：

```
s=a+1+b+2;
```

可见，宏替换时，只是将<宏体>中出现的与宏定义时〈参数表〉中参数相同的字符序列被替换，上例中<宏体>中被替换的是 x 和 y 字符。上例中，用 5 或 a+1 来替换 x，用 6 或 b+2 来替换 y。

还可以这样来理解，在宏定义时出现的参数称为形参，在程序中引用宏定义时出现的参数称为实参。上例中，x 和 y 作为形参，而 5 和 6 以及 a+1 和 b+2 都为实参。在宏替换时，将用实参来替换<宏体>中所出现的形参。

例 3.3　分析下面程序运行后的结果。

```
#include <iostream.h>
#define add(a,b) a+b
void main()
{
    int x(5),y(7),s;
    s=add(x+1,y-2);              // 被替换为:s=x+1+y-2;
    cout<<"s="<<s<<endl;
}
```

运行该程序后，输出结果如下：

```
s=11
```

使用带参数的宏定义时还要注意如下几点：

(1) 带参数的宏定义的<宏体>应写在一行上。如果需要写在多行上时，在每行结束时，使用续行符("\")结束，并在该符号后按下回车键，最后一行除外。

(2) 书写带参数的宏定义，<宏名>与左括号之间不能出现空格，否则空格右边的都作为宏体。例如：

```
#define   ADD   (x,y)    x+y
```

这时，将(x,y) x+y 作为宏名 ADD 的被定义的替换字符串。

(3) 定义带参数的宏定义时，宏体中与参数名相同的字符序列适当地加上圆括号是十分重要的，这样可以避免宏替换后在优先级上发生的问题。例如：

```
#define   SQ(x)   x*x
```

当程序中出现下列语句：

```
m=SQ(a+b);
```

替换后应为：

```
m=a+b*a+b;
```

如果本想替换后应为：

```
m=(a+b)*(a+b);
```

应该这样进行宏定义：

```
#define  SQ(x)    (x)*(x)
```

可见,加圆括号在宏体中将会改变替换后的表达式的优先级。

例 3.4 分析以下程序运行后的输出结果。

```
#include <iostream.h>
void main()
{
    int b(5);
    #define b 2
    #define f(x) b*(x)
    int y(3);
    cout<<f(y+1)<<endl;
    #undef b
    cout<<f(y+1)<<endl;
    #define b  3
    cout<<f(y+1)<<endl;
}
```

程序中出现了#define和#undef预处理命令,在宏定义中,有简单的,又有带参数的。在宏定义#define f(x)b*(x)中b是符号常量的b,而不是变量b,因为预处理命令执行在编译之前。

3.2 顺序结构

顺序结构是C++程序中执行流程的缺省结构。在该结构中,语句将按照书写的先后顺序(从左向右,自上而下)被依次执行,直至执行完所有的语句或执行至结束标志。除了选择、循环和跳转语句外,其他C++语句都可用于实现程序顺序结构的语句。

顺序控制语句是一类简单的语句,包括声明语句、表达式语句、基本输入输出语句、空语句和复合语句等。

(1) 声明语句又称为说明语句,它可以用来对程序中出现的各种名称进行声明。这些名称通常是表示变量、常量、函数、结构、类、对象等实体的标识符。在C++程序中,一个名称在使用之前必须先被声明。声明的目的是告诉编译器某个名称所指代的实体类型。例如：

```
char ch;                    // 声明和定义 char 型变量
```

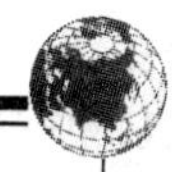

```
int  a=5;                          // 声明、定义和初始化 int 型变量
const  int  MAX=32767;             // 声明、定义和初始化 int 型常量
double sqrt(double);               // 声明函数
```

另外，使用语句还可以在定义变量时对其进行初始化。例如，声明语句“int　a=5;”不仅为 int　型变量 a 分配了合适的内存空间，而且还将这块空间所表示的数值初始化为 5　。

在 C++中，声明语句可以出现在任何其他语句能够出现的地方。

(2) C++中任何一个表达式加上分号“;”便是表达式语句。例如：

```
a=a+5;
x=3,y=5,z=8;
```

这些都是表达式语句。

(3) 基本输入输出语句。一个程序通常会向用户输出一些信息，一般也会要求用户输入一些信息。C++程序的输入输出操作通过标准库中的输入/输出流对象来完成的。

在头文件 iostream 中定义了代表屏幕的标准输出流对象 cout　和代表键盘的标准输入流对象 cin。cin 和 cout 具有强大的输入输出功能和极为灵活的用法。在程序中使用 cin 和 cout 之前，应首先加入预处命令：# include <iostream. h>，以包含标准头文件 iostream. h。

使用 cout 进行数据输出操作的一般格式为：

cout<<　表达式;

其中，“<<”称为插入运算符。整条语句的含义是：将表达式的值输出（显示）到屏幕上当前光标所在位置。例如，下面语句的执行结果是在屏幕的当前光标处显示数值 10。

```
int  a=10;
cout<<a;
```

cout 还允许在一条语句中连续使用插入运算符来输出多项数据。例如：

```
int i=0,j=1;
cout<<i<<j;                        // 将变量 i,j 的值依次显示在屏幕上，结果为 01。
```

注意：cout 并不会在数据项 i 和 j 之间加入任何分隔字符，如空格（字符常量'　'）和水平制表（字符常量'\t'）。为了方便阅读，程序员可以在输出时加入一些分字符。例如：将上面的输出语句改句：

```
cout<<i<<' '<<j;                   // 在 i,j 之间输出空格符，结果为 0 1。
```

C++中提供了两种进行换行输出的方法：

(1) 使用换行字符'\ n'。

(2) 使用输入/输出操作符 endl。

二者实现的功能完全相同，都是使随后的输出内容从新的一行开始显示。

例如，语句

```
cout<<"I like C++.\n"              // 使用换行字符'\n'
<<"I study hard "<<endl<<2;        // 使用操作符 endl
```

运行后输出结果为：

```
I like C++.
I study hard.
2
```

使用 cin 进行数据输入操作的一般格式为：

cin>>变量；

这也是一条表达式语句。其中“>>”称为提取运算符。整条语句的含义是：程序将暂时中止执行，等待用户从键盘上输入一个数据。如果用户键入了一个有效的数据并按下了回车键，程序就将此数据保存到变量中，并继续执行接下来的语句。与 cout 相同，cin 也可以用来对 C++中所有的常用数据类型进行输入操作。例如：

```
int  i,j;
cin>>i>>j;
```

就要求用户连续输入两个 int 型数值，并将它们分别保存到变量 i 和 j 中。在进行多项数据的连续输入时，应键入空白字符(包括空格键、回车键和 Tab 键)将相邻的两项数据分隔开。例如，假设用户要为变量 i 输入 3，为变量 j 输入 4，则应该键入：

```
3 < SP > 4  <CR>
```

其中，<SP>表示空格键，<CR>表示回车键。

注意：用户输入数据的类型必须与保存该数据的变量类型相匹配，否则将得到错误的结果。

例 3.5　通过下面这个程序来熟悉 cin 和 cout 的用法。

```
#include <iostream.h>
int main()
{
    cout<<"Please input 3numbers a,b and c:";
    int  a,b,c;
    cin>>a>>b>>c;                // 输入操作
    int sum=a+b+c;
    cout<<"a="<<a<<'\t'
    <<"b="<<b<<'\t'
    <<"c="<<c<<'\n';
    cout<<"The sum of a,b and c is"<<sum<<endl;
}
```

该程序的执行结果是：

```
Please input 3numbers a,b and c: 3   4   5
a=3     b=4     c=5
The sum of a,b and c is  12
```

空语句是指只有一个分号“;”的语句。空语句是一种不做任何操作的语句。复合语句是由两条或两条以上的语句组成，并由一对花括号“{}”括起来的语句。复合语句在语法上相当一条语句。复合语句可以嵌套，含有一条或多条说明语句的复合语句称为分程序。

3.3 选择结构

在顺序结构中，程序只能机械地从头执行到尾，要想使计算机变得更有“智能”，就需要应用选择结构让程序进行逻辑判断，从而能够根据不同情况做出不同处理。实现程序选择结构的语句称为选择语句。C++中提供了两种选择语句：if 语句和 switch 语句。

3.3.1 if 语句

if 语句又称为条件语句。它是程序设计语言中最常见的一种选择语句。主要有以下 3 种形式：单分支结构、双分支结构、if 语句的嵌套结构。C++分别为这三种结构提供了相应的语句。

1. if 语句（单分支结构）

if 语句的功能是根据给定条件是否成立来决定要不要执行一条语句或语句块。它的语法格式如下：

if （<条件>） <语句>

其中，if 为关键字；<条件>通常是一个表达式，且必须用圆括号括起来；<语句>称为 if 子句，它可以是任何类型的语句（包括复合语句和空语句）。

if 语句的执行过程是：首先计算<条件>的值，如果此值不为 0（“真”），则执行<语句>；如果此值为 0（“假”），则忽略<语句>（即不执行）而继续执行 if 语句之后的下一条语句。例如：

```
if(a>0)
  a=1;
a+=10;
```

上面的代码段是这样执行的：如果条件表达式 a>0成立，则将 a 赋值为 1，然后再给 a 加上 10；如果 a>0不成立（即 a<=0 成立），则不执行语句“a=1;”而直接给 a 加上 10。if 结构语句的执行流程可用图 3.1 表示。

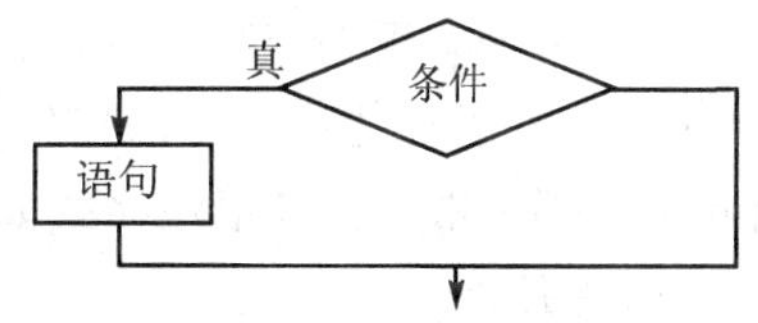

图 3.1 if 结构执行流程图

如果需要在<条件>为“真”时执行多条语句，则必须使用花括号“{ }”将它们括起来组成一条复合语句，因为按照语法规定 if 子句在形式上只能是一条语句。例如：

```
if(a>b)
{int  t=a;
a=b;
b=t;
}
```

上面的代码段是这样执行的：如果 a>b 成立，则执行复合语句内的三条语句，将变量 a 和 b 的值进行交换，然后输出 b 的值；否则，就直接输出 b 的值（输出结果是 a，b 二者中的较大值）。

注意：

(1) C++中规定：如果<条件>是一个表达式，则当此表达式的值不为0时，条件结果为"真"；只有当此表达式的值为0时，条件结果才为"假"。

(2) <条件>也可以是一条声明语句。其中必须定义一个变量，并对它进行初始化。这时，若此变量的值不为0，则条件结果为"真"；若此变量的值为0，则条件结果为"假"。

例如：

```
if ( int a=max(b) )                    // 当a不为0时执行此复合语句
{
……
}
```

例3.6 以下程序实现输入两个数，输出其最大值。

```
#include <iostream.h>
void main()
{
    int a,b,max;
    cout<<"请输入两个数:"<<endl;
    cin>>a>>b;
    max=a;
    if (max<b)
    {
    max=b;
    }
    cout<<"a="<<a<<'\t'<<"b="<<b<<'\t'<<"两个数的最大值为:"<<max<<endl;
}
```

2. if ……else 语句(双分支结构)

if……else语句是基本if语句的扩展。其功能是根据给定条件是否成立来决定执行两部分语句中的哪一部分。其语法格式如下：

```
if (<条件>)
   <语句1>
else
   <语句2>
```

其中，if和else为关键字；<语句1>称为if子句，<语句2>称为else子句。它们可以是单条语句或复合语句。

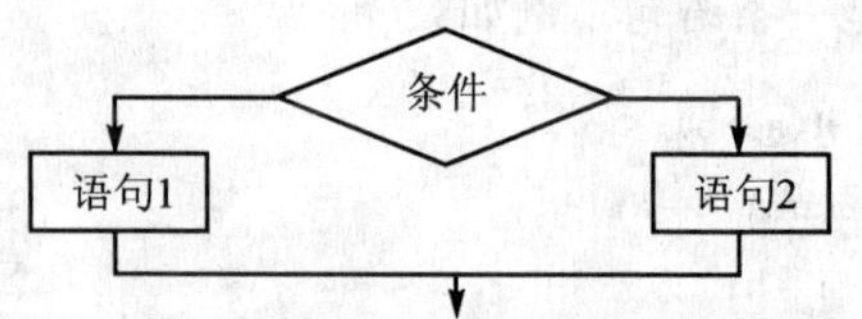

图3.2 if…else语句执行流程图

if……else语句的执行过程是：首先计算<条件>的值，如果此值不为0("真")，则执行<语句1>，然后忽略<语句2>而去执行if语句之后的下一条语句；如果此值为0("假")，则忽略<语句1>，执行<语句2>，然后继续执行if语句后的下一条语句。图3.2是if…else语句的执行流程图。

例 3.7　将例 3.6 中的程序用 if…else 语句进行改写。

```
#include  <iostream.h>
main()
{
    int a,b,max;
    cout<<"请输入两个数:"<<endl;
    cin>>a>>b;
    if (a<b)                    // if…else 语句
    max=b;                      // if 子句:a<b 成立时将 a 赋值给 max
    else
    max=a;                      // else 子句:a<b 不成立时将 b 赋值给 max
    cout<<"a="<<a<<'\t'<<"b="<<b<<'\t'<<"两个数的最大值为:"<<max<<endl;
}
```

另外,也可以使用 C++中的条件运算符"?:"来实现简单的选择结构。请读者自己试着进行改写程序。

3. if 语句的嵌套结构

if 子句和 else 子句可以是任何类型的 C++语句,当然也可以是 if……else 语句本身。通常将这种情况称为 if 语句的嵌套。语法格式如下:

```
if (<条件>)
  <语句>
else if(<条件>)
  <语句>
else if (<条件>)
  <语句>
else
  <语句>
```

由于对程序进行编译时并不看缩进格式,而只是关心语法结构;C++中规定:else 关键字总是与它前面最近的未配对的且可见的那个 if 关键字配对。

例 3.8　运行以下程序,写出输出的结果。

```
#include <iostream.h>
void main()
{
    int a,b;
    a=b=5;
    if (a==1)                   // 第一个 if 关键字
        if(b==5)                // 第二个 if 关键字
        {
            a+=b;
            cout<<a<<endl;
        }
```

```
        else                          // 第一个 else 关键字，与第二个 if 关键字配对
        {
            a-=b;
            cout<<a<<endl;
        }
    cout<<a+b<<endl;
}
```

该程序输出结果读者自己分析。

3.3.2 switch 语句

switch 语句是多分支选择语句。switch 语句的功能是根据给定表达式的不同取值来决定从多个语句序列中的哪一个开始执行。其语法结构如下：

```
switch (<表达式>)
{
    case  <常量表达式 1 > :
        <语句序列 1>
    case  <常量表达式 2 > :
        <语句序列 2>
    …
    case  <常量表达式 n > :
        <语句序列 n>
    default:
        <语句序列 n+1>
}
```

其中，switch、case 和 default 为关键字；<表达式>的值必须属于整型、字符型或枚举型。<常量表达式 i>(i=1,2…,n)是取值互不相同的整型常量、字符常量或枚举常量，其具体类型应与<表达式>的值相一致。<语句序列 i>(i=1,2…n,n+1)可以是任意多条语句。关键字 case 与其后的<常量表达式 i>、冒号“:”、<语句序列 i>和在一起构成一条 case 标号语句。关键字 defaul 与其后的<语句序列 n+1>和在一起称为 default 标号语句。

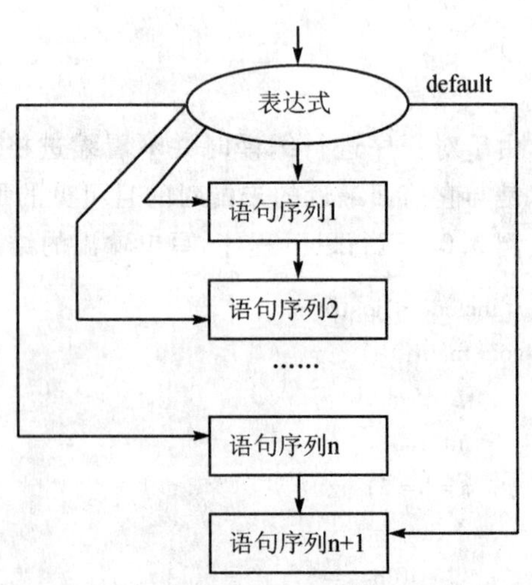

图 3.3 switch 语句执行流程图

switch 语句的执行过程如图 3.3 所示。

(1) 首先计算出<表达式>的值，设此值为 K；

(2) 然后计算每个<常量表达式 i>的值，设它们分别为 $c_1, c_2, \cdots\cdots, c_n$；

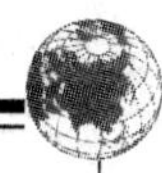

(3) 将 K 依次与 c_1,c_2,……,c_n进行比较。如果 K 与某个值相等,则从该值所在的 case 标号语句开始执行各个语句序列,在不出现跳转语句(break)的情况下,将一直执行到 switch 语句结束。

(4) 如果 K 与所有值都不相等,且存在 default 标号,则从 default 标号语句起开始向下执行,直到 switch 语句结束(同样,在不出现跳转语句(break)的情况下)。

(5) 如果 K 与所有值都不相等,且不存在 default 标号,则 switch 语句不会执行任何操作。

例 3.9　编程实现输入一个数字,输出其对应的英文星期单词。

```
#include <iostream.h>
void main()
{
    int a;
    cout<<"请输入一个要查询的数字(1~7)";
    cin>>a;
    switch(a)
    {
        case 1:
            cout<<a<<"代表 Monday! \n";
            break;
        case 2:
            cout<<a<<"代表 Tuesday! \n";
            break;
        case 3:
            cout<<a<<"代表 Wednesday! \n";
            break;
        case 4:
            cout<<a<<"代表 Thursday! \n";
            break;
        case 5:
            cout<<a<<"代表 Friday! \n";
            break;
        case 6:
            cout<<a<<"代表 Saturday! \n";
            break;
        case 7:
            cout<<a<<"代表 Sunday! \n";
            break;
        default:
            cout<<"请输入正确数字! \n";
    }
}
```

注意：

(1) 多个 case 标号可以共用一组语句序列，以实现对于几个常量值都执行同一操作。例如：

```
// ……
case 1:
case 2:
case 3: cout<<a<<"代表 Wednesday! \n";break;
// …
```

当 a 取值为 1,2,3 时，上面的语句都将输出"代表 Wednesday!"。

(2) default 标号语句是可选的。当 default 不出现时，如果<表达式>的值与所有<常量表达式 i>的值都不相等，则程序流程会跳过 switch 语句。

(3) 当需要针对表达式的不同取值范围进行不同处理时，使用 if……else……if 嵌套结构比较方便。因为 switch 语句只能对相等关系进行判断，而 if 语句却可以用关系表达式对一个较大范围内的值进行判断。

(4) switch 语句是可以嵌套的。

例 3.10 读以下程序，写出运行结果。

```
#include <iostream.h>
void main()
{
    int i(1),j(0),m(1),n(2);
    switch(i++)
    {
    case 1:m++,n++;
    case 2:switch(++j)
            {
            case 1:m++;
            case 2:n++;
            }
    case 3:m++;
            n++;
            break;
    case 4:m++;
            n++;
    }
    cout<<m<<','<<n<<endl;
}
```


3.4 循环结构

在程序设计中，常常需要根据给定的规则重复地执行某些操作。使用循环结构可以方便

地让程序处理各类重复操作。C++中提供了 3 种循环语句：一种是 while 循环语句，一种是 do-while 循环语句，另外一种是 for 循环语句。这些循环语句各自有特点，根据不同需要进行选择。在许多情况下，它们之间可以相互替代。它们的共同特点是根据循环条件来判断是否执行循环体。

3.4.1　while 循环语句

该语句的语法格式如下：

while(<表达式>)　<语句>

其中，while 为关键字；<表达式>是 while 循环的条件。它用于控制循环是否继续进行；<语句>称为 while 循环的循环体，是要被重复执行的代码行；while 循环体可以是单条语句，也可以是由花括号括起来的复合语句。

while 语句的执行过程如下：

(1) 计算<表达式>的值，如果此值不等于 0(即循环条件为“真”)，则转向步骤 2；如果此值等于 0(即循环条件为“假”)，则转向步骤 4。

(2) 执行一遍循环体<语句>。

(3) 转向步骤 1。

(4) 结束 while 循环。

从中可以看出，while 语句将在<表达式>成立的情况下重复执行<语句>；如果在第一次进入 while 循环时<表达式>就不成立，则<语句>一次也不会执行。

while 语句的执行流程如图 3.4 所示。

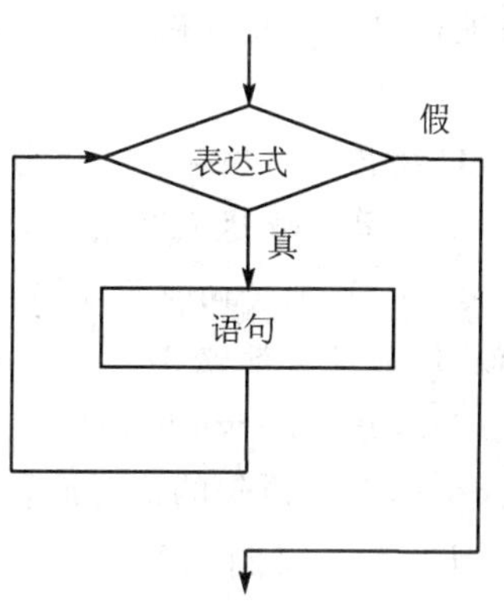

图 3.4　while 语句执行流程图

例 3.11　编程求出自然数 1～10 的和。

```
#include <iostream.h>
void main()
{
    int i(1),sum(0);
    while(i<=10)
    {
        sum+=i;
        i++;
    }
    cout<<"sum="<<sum<<endl;
}
```

请读者分析该程序输出结果。

如果将该程序中的 while 循环写成：

```
sum+=i++;
```

是否可以呢？请读者验证。

注意：

(1)由于 while 语句中缺少对循环控制变量进行初始化的结构，因此在使用 while 循环之

前对循环控制变量进行初始化显得很重要。上例中的语句“int i(1);”就是将循环控制变量i的初始值设置为1。

(2)在while循环体中不要忘记对循环控制变量的值进行修改，以使循环趋向结束。上例循环体中的语句“i++;”对循环控制变量i的值进行了增量操作，这使得i的值越来越大，直到i>10时(即不满足条件“i<10”)while循环就会结束。如果没有循环体中的“i++;”，则i的值始终不会改变，循环也永远不会终止。

3.4.2 do—while 循环语句

该语句的语法格式如下：

do <语句> while(<表达式>);

其中do和while为关键字，<语句>称为do—while循环的循环体，它要被重复执行的代码行，do—while循环体可以是单条语句，也可是由花括号括起来的复合语句；<表达式>是do—while循环的条件，用于控制循环是否继续进行。

注意：在do—while循环语句中最后的分号不能丢掉，用来表示do—while语句的结束。do—while语句的执行过程是：

(1)执行一遍循环体<语句>；

(2)计算<表达式>的值，如果此值不等于0(即循环条件为“真”)，则转向步骤1；如果此值等于0(即循环条件为“假”)，则转向步骤3；

(3)结束do—while循环。

do—while语句的执行流程如图3.5所示。

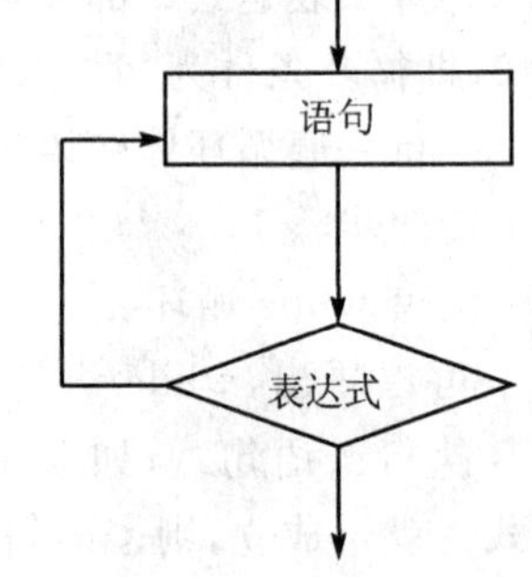

图3.5 do……while语句执行流程图

例3.12 将例3.10编程求出自然数1～10的和改用do—while循环实现。

```
#include <iostream.h>
void main()
{
    int i(1),sum(0);
    do
    {
        sum+=i;
        i++;
    }while(i<=10);
    cout<<"sum="<<sum<<endl;
}
```


注意：

(1)在使用do—while循环之前同样需要对循环控制变量进行初始化；在do—while循环体中仍然不要忘记对循环控制变量进行修改，以使循环趋向结束，避免死循环的发生。

(2)do—while循环与while循环的不同之处在于：do—while循环的循环体在前，循环条件在后，因此do—while循环体在任何条件下(即使不满足循环条件)都至少被执行一次。而

while 循环的循环条件在前，循环体在后，当条件不满足时，循环体有可能一次也不会执行。这一点正是在构造循环结构时决定使用 while 语句，还是 do－while 语句的重要依据。

3.4.3　for 循环语句

该语句的语法格式为：

for(＜表达式 1＞;＜表达式 2＞;＜表达式 3＞)　＜语句＞

其中，for 为关键字；＜表达式 1＞是 for 循环的初始化部分，它一般用来设置循环控制变量的初始值；＜表达式 2＞是 for 循环的条件部分，它是用来判定循环是否继续进行的条件；＜表达式 3＞是 for 循环的增量部分，它一般用于修改循环控制变量的值；＜语句＞称为 for 循环的循环体，它是要被重复执行的代码行。for 循环体可以是单语句，也可以是由花括号括起来的复合语句。

for 语句的执行过程是：

(1) 计算＜表达式 1＞的值；

(2) 计算＜表达式 2＞的值，如果此值不等于 0(即循环条件为“真”)，则转向步骤 3；如果此值等于 0(即循环条件为“假”)，则转向步骤 5；

(3) 执行一遍循环体＜语句＞；

(4) 计算＜表达式 3＞的值，然后转向步骤 2；

(5) 结束 for 循环。

for 语句的执行流程如图 3.6 所示：

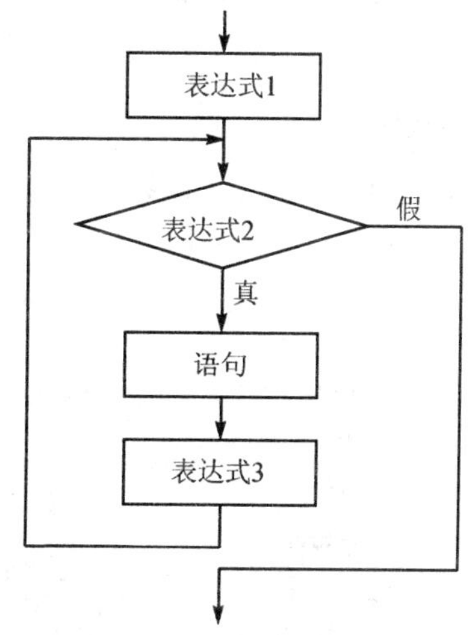

图 3.6　for 语句的执行流程图

for 循环中，for 后面括号内的三个表达式可以写在其他位置，但是两个分号不可省略。

例 3.13　将例 3.10 编程求出自然数 1～10 的和改用 for 循环实现。

形式一：

```
#include <iostream.h>
void main()
{
    inti,sum(0);
    for(i=1;i<=10;i++)
        sum+=i;
    cout<<"sum="<<sum<<endl;
}
```

形式二：

```
#include <iostream.h>
void main()
{
    int i(1),sum(0);
    for(;i<=10;i++)
```

```
        sum+=i;
    cout<<"sum="<<sum<<endl;
}
```

形式三：

```
#include <iostream.h>
void main()
{
    int i(1),sum(0);
    for(;i<=10;)
        sum+=i++;
    cout<<"sum="<<sum<<endl;
}
```

形式四：

```
#include <iostream.h>
void main()
{
    int i(1),sum(0);
    for(;;)
      {sum+=i++;
       if(i==10)
          break;
      }
    cout<<"sum="<<sum<<endl;
}
```

形式五：

```
#include <iostream.h>
void main()
{
    for(int i(1),sum(0); i<=10; sum+=i,i++);
    cout<<"sum="<<sum<<endl;
}
```

上述5种不同的for循环形式，对求自然数1～10之和都是等价的。从中不难看出，for循环语句非常灵活，这主要表现在三个表达式位置上。形式五中，表达式1和表达式3位置的上都是逗号表达式，循环体是一个空语句，因为求和的工作在表达式3的逗号表达式中实现了。形式四中，关键字for后面括号内的三个表达式的功能都被移到for循环之前和循环体中去实现了，但是两个分号不可省略。

3.4.4　循环嵌套

在一个循环语句中又完整地包含着另一个循环语句称为循环的嵌套。程序设计中有许多

问题需要使用循环结构的嵌套来解决。

C++中三种类型的循环语句不仅可以自身嵌套，而且还可以相互嵌套，并且嵌套的层数没有限制。嵌套时应该注意的是要在一个循环体内包含另一个完整的循环结构，这就是说，无论哪种嵌套关系都必须将一个完整的循环结构全部的放在某个循环体内。

例 3.14　编程求出自然数 1～5 的阶乘和。

```
#include <iostream.h>
void main()
{
    int sum(0);
    for(int i=1;i<=5;i++)
    {
        int s(1);
        for(int b=1;b<=i;b++)          // 用 for 循环来实现求阶乘
            s*=b;
        sum+=s;
    }
    cout<<"sum="<<sum<<endl;
}
```

该程序中，for 循环内嵌套了 for 循环。

读者可用改换其他循环结构来实现。

3.4.5　转向语句

C++提供了 goto，break，continue 等转向语句，其中，goto 是非结构化控制语句，而 break 和 continue 半结构化控制语句。它们会改变语句的执行顺序，因此，应在程序中尽量少用。

1. goto 语句

goto 语句又称为返回语句，其语法格式如下：

goto　<语句标号>；

其中，goto 是关键字。<语句标号>是一种用来标识语句的标识符。它的名字同标识符的规定，放在语句的最前面，并用冒号(:)与语句分开。语句标号可以放在语句行的最左边，用冒号分隔，也可以放在语句行上一条，既独占一行，也要使用冒号分隔。其语句格式为：

<标号>:<语句>

例如：loop ：y=y+1；

现代程序设计方法之外的 goto 语句，因为滥用 goto 语句将使程序流程变得毫无规律，可读性差，并极易产生错误。建议初学者尽量不要使用 goto 语句。

2. break 语句

bleak 语句又称为跳出语句，break 语句只能用在：switch 语句和循环语句中。在 switch 语句中，break 用来使执行流程跳出 switch 语句，而继续执行 switch 后面的语句。在循环语句中，break 用来使执行流程无条件地跳出本层循环体。例 3.12 中的形式四就是用 break 来跳出循环。

例 3.15 编程将从键盘上输入的若干个正数求和，遇到负数时则终止程序，并且输入的数不超过 10 个。

```
#include <iostream.h>
#define M 10
void main()
{
    int num,sum(0);
    cout<<"请输入数据:";
    for(int i=0;i<M;i++)
    {
        cin>>num;
        if(num<0)
            break;
        sum+=num;
    }
    cout<<"sum="<<sum<<endl;
}
```

程序中在 for 循环内的 if 体中有 break 语句，当输入的数是负数时，则退出 for 循环，将求和结果输出。如果输入数中没有负数，则输入 10 个数后，由 for 循环的条件的表达 i<10 为 0 时退出循环。

3. continue 语句

continue 语句又称为继续语句。continue 语句仅用在循环语句中。它的功能是：结束本次循环，即跳过循环体中尚未执行的语句，接着进行下一次是否执行循环的条件判定。

在 while 和 do-while 循环中，continue 语句将使执行流程直接跳转到循环条件的判定部分，然后决定循环是否继续进行。在 for 循环中，当遇到 continue 时，执行流程将跳过循环体中余下的语句，而转去执行 for 语句中的<表达式 3>，然后根据<表达式 2>进行循环条件的判定以决定是否继续执行 for 循环体。

例 3.16 编程计算从键盘上输入的 10 个数中所有正数之和，负数不进行计算，并显示求和结果。

编程如下：

```
#include <iostream.h>
#define M 10
void main()
{
    int num,sum(0);
    cout<<"请输入数据:";
    for(int i=0;i<M;i++)
    {
        cin>>num;
        if(num<0)
```

```
            continue;
        sum+=num;
    }
    cout<<"sum="<<sum<<endl;
}
```

该程序与例 3.14 中程序很类似，区别仅在于该程序中使用了 continue，而例 3.14 程序中使用了 break。

习题三

一、选择题

1. 预处理命令在程序中都是以(　　)开头的。

A. *　　B. #　　C. :　　D. 、

2. 文件包含命令中被包含的文件的扩展名(　　)。

A. 必须为.H　　B. 不能用.H　　C. 必须是.C　　D. 不一定是.h

3. 带参数的宏定义中，程序中引用宏定义的实参(　　)。

A. 只能是常量；　　B. 只能是整型量；

C. 只能是整型表达式；　　D. 可以是任意表达式

4. 下列(　　)是语句。

A. ;　　B. a=17　　C. x＋y　　D. cout<<"\n"

5. 下列 for 循环的次数为(　　)。

For(int i(0),x=0;! x&&i<=5;i++)

A. 5　　B. 6　　C. 1　　D. 无限

6. 下列 while 循环的次数是(　　)。

while(int　i=0)i--;

A. 0　　B. 1　　C. 5　　D. 无限

7. 下列 do-while 循环的循环次数为(　　)。

已知:int　i (5);

do{cout<<i--<<endl;

　i--;}while(i! =0);

A. 0　　B. 1　　C. 5　　D. 无限

8. 下列 for 循环的循环体执行次数为(　　)。

for(int i(0),j(10);i=j=10;i++,j--)

A. 0　　B. 1　　C. 10　　D. 无限

9. 已知:int a,b;下列 switch 语句中，(　　)是正确的。

A. switch(a)

{case a:a++;break;

case b:b++;break;

}

B. switch(a+b)
{case 1:a+b;break;
case 2:a-b;
}
C. switch(a*a)
{case 1,2:++a;
case 3,4:++b;
}
D. switch(a/10+b)
{case 5:a/5;break;
default:a+b;
}

10. 下列关于 do-while 语句的叙述正确的是(　　)。

A. do-while 语句所构成的循环不能用其他语句构成的循环来代替。

B. do-while 语句所构成的循环只能用 break 语句跳出。

C. do-while 语句所构成的循环只有在 while 后面的表达式非零时才结束。

D. do-while 语句所构成的循环只有在 while 后面的表达式为零时才结束。

11. 对于嵌套 if 语句规定 else 总是与(　　)配对。

A. 第一个 if。

B. 与之前最近的 if。

C. 缩进位相同的 if。

D. 与之前最近的不带 else 的 if 语句。

12. 在 C++语言中,当 while 语句构成循环的条件为(　　)时,结束循环。

A. 0　　B. 1　　C. true　　D. 非 0

13. if(表达式)和 while(表达式)中的"表达式"只能是(　　)。

A. 逻辑式　　B. 关系式　　C. 算术式　　D. 以上三种

14. while(! x)中的! x 与下式中的(　　)等价。

A. x==0　　B. x! =0　　C. x==1　　D. x! =1

15. 下列循环(　　)不是无限循环。

A. for(y=0;x=1;++y);　　B. for(;;x=0);

C. while(x=1){x=1;}　　D. for(y=0,x=1;x>++y;x+=i);

二、读程序题

1. 执行完下面程序后,输出结果是多少?

```
#include <iostream.h>
#define M 1.5
#define A(a)  M*a
void main()
{
    int x(5),y(6);
```

```
    cout<<A(x+y)<<endl;
}
```

2. 执行完下面程序后，输出结果是多少？

```
#include <iostream.h>
#define MAX(a,b) (a)>(b)? (a) : (b)
void main()
{
    int m(1),n(2),p(0),q;
    q=MAX(m,n+p) * 10;
    cout<<q<<endl;
}
```

3. 执行完下面程序后，输出结果是多少？

```
#include <iostream.h>
void main()
{
    int x=0,y=2,z=3;
    switch(x){
    case 0:switch(y){
        case 1:cout<<'*';break;
        case 2:cout<<'%';break;
        }
    case 1:switch(z){
        case 1:cout<<'$';break;
        case 2:cout<<'*';break;
        default:cout<<'#';
        }
    }
}
```

4.

```
#include <iostream.h>
void main()
{
    int s(0);
    for(int i(1);;i++)
    {
        if(s>50)break;
        if(i%2==0)s+=i;
    }
        cout<<i<<","<<s<<endl;
}
```

5. 执行完下面程序后,输出结果是多少?

```
#include <iostream.h>
void main()
{
    int i(0);
    do{
        i++;
        cout<<++i<<endl;
        if(i==7)break;
    }while(i==3);
    cout<<"OK! \n";
}
```

6. 执行完下面程序后,输出结果是多少?

```
#include <iostream.h>
void main()
{
    int i(1);
    do{
        i++;
        cout<<++i<<endl;
        if(i==7)break;
    }while(i==3);
    cout<<"OK! \n";
}
```

7. 执行完下面程序后,i,j,k 的分别值为多少?

```
#include <iostream.h>
void main()
{
    int a=10,b,c,d,i,j,k;
    b=c=d=5;
    i=j=k=0;
    for(;a>b;++b)i++;
    while(a>++c)j++;
    do{k++;}while(a>d++);
    cout<<i<<endl<<j<<endl<<k<<endl;
}
```


8.

```
#include <iostream.h>
void main()
{
```

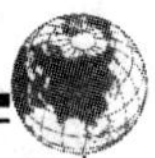

```
    int x(5);
    do{
        switch(x%2)
        {
        case 1:x--;
            break;
        case 0:x++;
            break;
        }
        x--;
        cout<<x<<endl;
    }while(x>0);
}
```

9.

```
#include <iostream.h>
void main()
{
    int a(5),b(6),i(0),j(0);
    switch(a)
        {
        case 5:switch(b)
                {
                case 5:i++;break;
                case 6:j++;break;
                default:i++;j++;
                }
        case 6:i++;
            j++;
            break;
        default:i++;j++;
    }
        cout<<i<<","<<j<<endl;
}
```

10.

```
#include <iostream.h>
void main()
{
    for(int i(1);i<6;i++)
    {
        if(i%2==0)cout<<'#';
        else
```

```
        continue;
    cout<<'$';
    }
    cout<<'&'<<endl;
}
```

11.

```
#include <iostream.h>
void main()
{
    int i(0);
    for(i+=3;i<=5;i++)
    switch(i%5)
    {
        case 0:cout<<'*';
        case 1:cout<<'#';break;
        default:cout<<'! ';break;
        case 2:cout<<'&';
    }
}
```

12.

```
#include <iostream.h>
void main()
{
    int i(1),j(2),k(3),a(10);
    if(! i)
        a--;
    else if(j)
        if(k)a=5;
        else
            a=6;
        a++;
        cout<<a<<endl;
        if(i<j)
            if(i! =3)
                if(! k)
                    a=1;
                else if(k)
                    a=5;
        a+=2;
        cout<<a<<endl;
}
```

13.

```
#include <iostream.h>
void main()
{
    int x,i(1);
    for(;i<=100;i++)
    {
        x=i;
        if(++x%2==0)
            if(++x%3==0)
                if(++x%7==0)
                    cout<<x<<"\t";
                }
}
```

14.

```
#include <iostream.h>
void main()
{
    int i(1),j(0),m(1),n(2);
    switch(i++)
    {
     case 1:m++,n++;
     case 2:switch(++j)
            {
             case 1:m++;
             case 2:n++;
            }
     case 3:m++;
            n++;
            break;
     case 4:m++;
            n++;
    }
    cout<<m<<','<<n<<endl;
}
```


15.

```
#include <iostream.h>
void main()
{
for(int i=1;i<=10;i++)
{
```

```
    for(int j=1;j<=11-i;j++)
        cout<<" ";
    for(j=1;j<=i;j++)
    {
        if(i==10)
            cout<<i<<" ";
        else
            cout<<i<<"  ";
    }
    cout<<endl;
}
}
```

三、编程题

1. 编写程序，要求由用户输入任意三个实数，然后求出其中的最大值和最小值。

2. 编写程序，求 1－3＋5－7＋...－99＋101 的值。

3. 编程程序，求“水仙花数”。所谓“水仙花数”是指一个数恰好等于其因子之和。例如 153 是水仙花数，因为 $153=1^3+3^3+5^3$。

4. 编程程序，求 1 000 之内的所有“完全数”。所谓“完全数”是指一个数恰好等于其因子之和。例如，6 是完全数，因为 6＝1＋2＋3。

5. 编写程序，使用循环语句打印如下图案：

```
      *
     * * *
    * * * * * *
   * * * * * * * *
    * * * * *
     * * *
      *
```

6. 求 100 之内的自然数中奇数之和。

7. 求输入两个正整数的最大公约数和最小公倍数。

8. 有一函数如下所示：

$$y=\begin{cases}x(x<1)\\x+5(1<=x<10)\\x-5(x>=10)\end{cases}$$

9. 求下列序列的前 15 项之和。

1/2,3/2,5/3,8/5,13/8,21/13……

10. 输出一个整数：该整数为 65 时，显示“A”；为 66 时，显示“B”为 67 时，显示“C”；其他值显示“END”。

11. 求出 3～100 之间的所有素数，并按每行 5 个数打印输出。

12. 编写一个具有加、减、乘、除四则运算功能的程序，要求能反复多次操作，当输入“#”运算符时退出。

13. 求 Fibonacci 数列的前 20 个数。该数列的生成方法为：F1＝1，F2＝1，Fn＝Fn－1＋Fn－2(n＞＝3)，即从第 3 个数开始每个数等于前 2 个数之和(每行输出 4 个数)。

14. 输出一个整数：该整数为 65 时，显示“A”；为 66 时，显示“B”为 67 时，显示“C”；其他值显示“END”。

15. 从键盘上输入一个学生的成绩，当成绩大于或等于 90 分时，输出优秀；在 80～89 分时输出良好；在 70～79 分时输出中等；在 60～69 分时输出及格；在成绩小于 60 分时输出不及格。

第 4 章 数组

数组是一种构造类型。它是数目固定、类型相同的若干个变量的有序集合。数组按照数组元素的类型不同，可以分为数值数组、字符数组等；若按照数组元素的下标个数不同，又可以为一维数组、二维数组等。本章主要介绍一维数组、二维数组和字符数组。

4.1 数组概述

在程序设计中，存储单个数据时，需要根据数据的类型定义相应的变量来保存。如存储一个整数时需要定义一个整数变量来保存，存储一个实数时需要定义一个单精度或双精度变量来保存。若程序设计中需要存储同一数据类型的、彼此相关的多个数据时，如存储数学上使用的一个数列或一个矩阵中的全部数据时，显然采用定义简单变量的方法是不行的，这就要求定义出能够同时存储多个值的数据类型，即数组。

数组是一种常用的数据类型。集合的名字就是数组名。数组名按标识符的规则定义。一个数组中包含了若干个具有同一类型的数据，数组中每一个成员称为数组中的一个数组元素。数组元素由其所在的位置序号(称为数组的下标)来标识，不同的下标表示不同的数组元素。这样利用数组名和下标，就可以用相同的方法来处理数组中的所有元素，从而实现以统一的方式处理性质相同的批量数据的问题。例如：某班级某门成绩的排序、查找班级中某同学的成绩、打印整个班级的成绩表等，这些算法都要用到数组。数组的使用使程序变得简洁、灵活。它是程序设计中一种十分有用的工具。使用数组可以使许多复杂的算法得以实现。

4.2 一维数组

一维数组是数组元素只含有一个下标的数组。它是编程中最常使用的一种构造数据类型。

4.2.1 一维数组的定义

数组在使用之前必须进行类型定义。一维数组的定义格式一般为：

<数据类型> <数组名>[<数组长度>];

其中，<数据类型>是类型说明符，<数组名>是数组的名字，<数组长度>是值大于 1 的正整数常量表达式。<数组长度>用来指定数组中元素的个数，即数组的大小，数组元素的下标是从 0 到<数组长度>−1。

语句“int a[5];”定义了一个有 5 个元素的数组 a。数组元素分别为 a[0]，a[1]，a[2]，a[3]，a[4]，并且每个元素都是 int 类型。图 4.1 说明了数组的内存排列。

使用类型定义时需注意：

(1) 数组名的命名规则和普遍变量的命名规则相同,遵循标识符的命名规则,但不能与同一个复合语句中其他变量名同名。例如在同一个复合语句中出现了下列语句:

```
int x;
char x[10];
```

以上定义是非法的,因为标识符 x 既然定义为普遍变量名,就不能再定义为数组名。

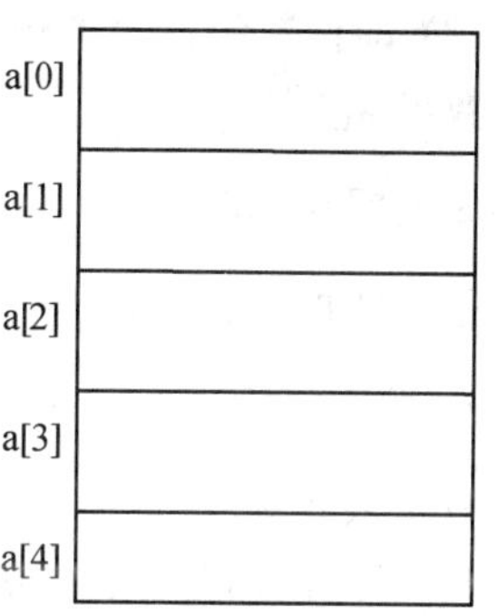

图 4.1　数组 a

(2) 数组长度表示数组中元素的个数。在 C++ 中数组元素的下标是从 0 开始的。

(3) 数组长度一定是一个确定的数值,可以是符号常量或常量表达式,但不允许为变量。

例如:

```
int n=5;
int x[n];
```

是非法的,而:

```
int x[2+3];
```

是合法的。

(4) 允许在同一个类型说明中,说明多个数组和变量。例如:

```
int a,x[5],b[5];
```

在数组定义的同时就对数组元素进行赋初值,这个过程称为数组的初始化。初始化是在编译阶段完成的,不占运行时间,以提高效率。对一维数组的初始化有以下两种方法:

1. 对数组的所有元素赋值

这种方式是在说明数组时,将数组所有元素的初始值都列出,各数值之间用逗号分开,全部数据依次放在一对花括号内。例如:

```
int a[4]={1,2,3,4};
char b[4]={'a','b','c','d'};
```

表示 a[0]=1,a[1]=2,a[2]=3,x[3]=4;而 b[0]='a',b[1]='b',b[2]='c',b[3]='d'。

如果一个数组在定义时对它的所有元素赋了初值,可以不指定数组的长度,系统自动计算数组的长度。这样上例就可写成:

```
int a[]={1,2,3,4};
char b[]={'a','b','c','d'};
```

都是等价的。

注意:

(1)如果明确给出了数组大小,则在初始化列表中给出了多余的元素就是错误的。例如:

```
char a1[2]={'a','b','c'};          // 错误:初始化元素太多
char b1[3]={'a','b','c'};          // 正确
```

(2) 即使数组元素的值全部相等,也必须逐个赋值,不能给数组整体赋值。例如:欲定义整型数组 a[3]的元素都为 3,初始化时写成:

```
int a[3]={3,3,3};
```

是合法的,而写成:

```
int a[3]={3};
```

只是表示 a[0]为 3,而不是数组 a 中每一个元素都为 3。

2. 对数组的部分元素初始化

当花括号中的数据小于数组定义的长度时,只能给数组的前面部分元素赋初始值,其余元素系统自动赋值 0。例如:

```
int k[8]={ 1 , 2 , 3 , 4};
```

相当于

```
int  k[8]={1 , 2 , 3 , 4 , 0 ,0 ,0,0} ;
```

在此必须注意数组定义中是已指定了数组元素的个数。例如:

```
int  k[ ]={5 , 6 , 3 } ;
```

是将 k 定义为有 3 个元素的 int 型数组,并将数组元素初始化为 k[0]=5,k[1]=6,k[2]=3。

4.2.2 一维数组的应用

一个数组一旦经过类型说明之后,用户可以使用下标来标识数组元素。数组元素的使用格式一般为:

<数组名><[表达式]>

其中,表达式通常情况下为整型常量或整型表达式,也可以是变量,称为下标。例如有如下类型说明:

```
int x[5];
```

则 x[2],x[2*2],x[2+1]等都是合法的数组元素。

数组下标从 0 开始,长度为 n 的数组,其下标的范围是 0 到 n-1。在数组定义以后,给数组整体赋值时,必须一个元素一个元素地逐个访问进行赋值,也可以给数组中的某个元素进行赋值。在使用过程中,一定要注意下标值不能越界,否则会出现意想不到的结果。

例 4.1 将 1~10 赋给由 10 个元素构成的数组,然后按倒序输出来。

```
#include <iostream.h>
void main()
{
    int i,a[10];
    for(i=0;i<=9;i++)
        a[i]=i+1;
    for(i=0;i<=9;i++)
```

```
        cout<<a[9-i]<<'\t';
}
```

例 4.2　求 Fibonacci 数列的前 20 项。

Fibonacci 数列的特点是：前两项为 1,1，从第 3 项每项的值为前两项之和。其公式为：

$$f_n=\begin{cases}1 & (n=1,n=2)\\ f_{n-1}+f_{n-2} & (n>2)\end{cases}$$

```
#include <iostream.h>
void main()
{
    int i,f[20]={1,1};
    for(i=2;i<20;i++)
        f[i]=f[i-2]+f[i-1];
    for(i=0;i<20;i++)
    {
        if(i%5==0)
            cout<<endl;
        cout<<'\t'<<f[i];
    }
    cout<<endl;
}
```

例 4.3　下面的程序把有 10 个元素的数组用冒泡排序法按升序排列。

说明：冒泡排序法可以形象地描述为：使较小的值像空气泡一样逐渐“上浮”到数组的顶部，而较大的数值逐渐“下沉”到数组的底部。这种排序技术要排好几轮，每一轮都要比较相邻的数组元素。如果这两个数组元素是按升序排列的，那就保持原样。如果按降序排列，就交换它们的值。并且将每一次排序的结果显示出来。

```
#include <iostream.h>
void main()
{
    int a[10]={53,37,89,3,46,78,321,64,5,32};
    cout<<"排序前原始数据:"<<endl;
    for(int i=0;i<9;i++)
    {
        for(int j=0;j<9-i;j++)
            if(a[j]>a[j+1])
            {
                int t;
                t=a[j];
                a[j]=a[j+1];
                a[j+1]=t;
            }
```

```
            cout<<endl;
            cout<<"第"<<i+1<<"次排序后数据的结果:"<<endl;
            for(j=0;j<=9;j++)
            cout<<a[j]<<"  ";
        }
        cout<<endl;
    }
```

4.3 二维数组

前面介绍的数组元素只有一个下标，称之为一维数组。在实际问题中还有很多是二维数组或多维数组的量，这里主要介绍二维数组。如在一个数组中，有两个下标，以行和列(即二维)形式排列的固定数目元素的集合，并且组成数组的每个元素的类型都相同，这就是二维数组。

4.3.1 二维数组的定义

二维数组的定义格式一般为：

＜数据类型＞ ＜数组名＞[＜表达式 1＞][＜表达式 2＞];

其中，＜表达式 1＞和＜表达式 2＞是值为正数的常量表达式。＜表达式 1＞和＜表达式 2＞分别用来指定数组中行和列的数目。例如：

```
int a[4][2];
```

定义了一个 4 行 2 列的二维数组。该数组中每个元素都是 int 型。与一维数组类似，行下标范围是 0～3，列下标范围是 0～1，如图 4.2 所示。表示 a 为 int 型二维数组，有 4×2 个元素。

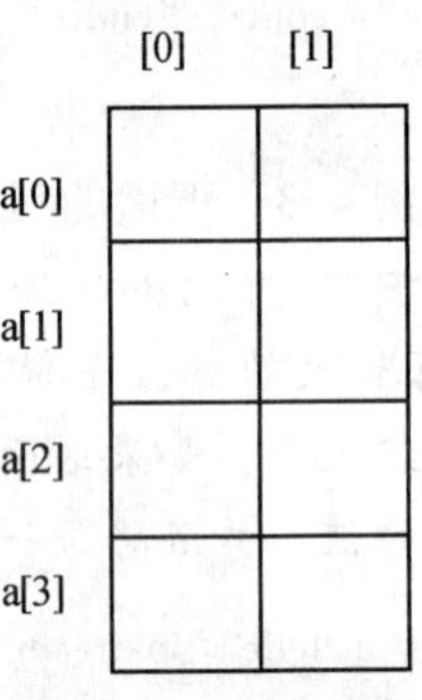

图 4.2　二维数组 a

第一行：a[0][0]，a[0][1]

第二行：a[1][0]，a[1][1]

第三行：a[2][0]，a[2][1]

第四行：a[3][0]，a[3][1]

二维数组 a 在内存中的存放顺序是：

a[0][0]，a[0][1]，a[1][0]，a[1][1]，a[2][0]，a[2][1]，a[3][0]，a[3][1]

二维数组的数组名是以行优先的方式按照一维顺序关系存放的，因此对于二维数组，相当于两个一维数组，如下所示：

```
⎧a[0] ________  a[0][0]  a[0][1]
⎪a[1] ________  a[1][0]  a[1][1]
⎨a[2] ________  a[2][0]  a[2][1]
⎩a[3] ________  a[3][0]  a[3][1]
```

二维数组的数组名 a 是该数组首行 a[0][0]的地址。

4.3.2　二维数组的初始化

和一维数组一样，二维数组初始化也是在类型说明时给每个元素赋以初值。二维数组可以给数组的所有元素赋初值，也可以只给数组的部分元素赋初值。

1. 给数组的所有元素初始化

(1) 按行的顺序，将每一行元素的初值放在一个用花括号括起来的、各初值间用逗号分开的序列中，用花括号括起来的序列间用逗号分隔，全部初值再用一个花括号括起来。例如：

int b[2][3]={{1,2,3},{4,5,6}};

(2) 将所有初值放在一个花括号括起来的序列中，按数组排列的顺序给各元素赋初值。例如：

int b[2][3]={1,2,3,4,5,6};

以上两种初始化是等价的，其结果使 b[0][0]为 1，b[0][1]为 1，b[0][2]为 2，b[1][0]为 4，b[1][1]为 5，b[1][2]为 6。

如果对二维数组的所有元素都赋初值，则定义二维数组时第一维的长度(数组的行数)可以不指定，而第二维的长度(数组的列数)必须指定。例如：

int b[][3]={{1,2,3},{4,5,6}};

或者

int b[ ][3]={1,2,3,4,5,6};

2. 给数组的部分元素赋初值

给数组的部分元素赋初值的方法与给数组的所有元素赋初值的方法类似，例如：

int a[3][4]={{1,2},{3},{4,5}};

表示数组 a 的元素 a[0][0]，a[0][1]，a[1][0]，a[2][0]，a[2][1]赋了初值，其他元素的初值为 0。

4.3.3　二维数组的应用

对二维数组元素的使用格式如下：

<数组名><[表达式 1]> <[表达式 2]>

注意：使用过程中也不能出现下标越界问题，并且在使用时要指出它的每一维。

例 4.4　找出二维数组最大元素的值及所在的位置。

```
#include <iostream.h>
#define  M 5
#define  N 4
void main()
{
    int x[M][N];
    int i,j,xmax,hx,lx;        // xmax 存放最大值,hx,lx 分别存放最大值行、列下标
    for(i=0;i<M;i++)
        for(j=0;j<N;j++)
        {
```

```
            cout<<"请输入第"<<i<<"第"<<j<<"列数据:"<<endl;
            cin>>x[i][j];
        }
    xmax=x[0][0];
    hx=0,lx=0;
    for(i=0;i<M;i++)
        for(j=0;j<N;j++)
            if(x[i][j]>xmax)
            {
                xmax=x[i][j];
                hx=i;
                lx=j;
            }
    for(i=0;i<M;i++)
    {
        for(j=0;j<N;j++)
            cout<<x[i][j]<<'\t';
        cout<<endl;
    }
    cout<<"这组数中最大的数是:"<<xmax<<endl;
    cout<<"这个数中所在的行数是:"<<hx<<endl;
    cout<<"这个数中所在的列数是:"<<lx<<endl;
}
```

例 4.5 初始化二维数组,并按行求元素之和,按列求元素之和及所有元素之和。

```
#include <iostream.h>
#define  M 4
void main()
{
    int x[M][M]={{1,2,3},{4,5,6},{7,8,9}};
    int i,j;
    cout<<"输出运算前的数组数据内容:"<<endl;
    for(i=0;i<M;i++)
    {
        for(j=0;j<M;j++)
            cout<<x[i][j]<<'\t';
        cout<<endl;
    }
    for(i=0;i<M-1;i++)
        for(j=0;j<M-1;j++)
        {
            x[i][M-1]+=x[i][j];
            x[M-1][j]+=x[i][j];
```

```
            x[M-1][M-1]+=x[i][j];
        }
    cout<<"输出运算后的数组数据内容:"<<endl;
    for(i=0;i<M;i++)
    {
        for(j=0;j<M;j++)
            cout<<x[i][j]<<'\t';
        cout<<endl;
    }
}
```

例 4.6 输入 4 个学生、5 门功能的成绩,分别存在二维数组中的前 5 列上,计算每个学生的平均成绩后,存放在该数组最后一列的对应行上。

```
#include <iostream.h>
void main()
{
    float a[4][6],isum;
    int i,j;
    cout<<"请输入 4 个学生 5 门课程的成绩:"<<endl;
    for(i=0;i<4;i++)
        for(j=0;j<5;j++)
            {
            cout<<"请输入第"<<i+1<<"同学第"<<j+1<<"门课程成绩"<<endl;
            cin>>a[i][j];
            }
    for(i=0;i<4;i++)
        {
        isum=0;
        for(j=0;j<5;j++)
            isum+=a[i][j];
        a[i][5]=isum/5;
        }
    cout<<"输出 4 个学生 5 门课程的成绩和平均分:"<<endl;
    for(i=0;i<4;i++)
        {
        for(j=0;j<6;j++)
            cout<<a[i][j]<<'\t';
        cout<<endl;
        }
    cout<<endl;
}
```

4.4 字符数组

字符数组是指数组元素是char型的一种数组。一维字符数组可以用来存放一个字符串，多维的字符数组可以用来存放多个字符串。

4.4.1 字符数组的定义

字符数组的定义与一般数组的定义类似，其一般形式为：

char　数组名[常量表达式]

例如：

```
char s[20];               // 说明 s 为一维字符型数组,共有 20 个元素
char str[3][20];          // 说明 str 为二维字符型数组,共有 3×20 个元素
```

4.4.2 字符数组的初始化

字符数组的初始化通常有以下两种方法。

1. 逐个为数组中的各元素赋初值

这一方法与数值型数组类似，将字符常量以逗号分隔，写在花括号中。例如：

```
char str[6]={ 'h', 'e', 'l', 'l', 'o'};
```

赋值后各元素的值为：

str[0]	str[1]	str[2]	str[3]	str[4]	str[5]
h	e	l	l	o	\0

说明：str[5]是系统自动加上的空字符'\0'，花括号中的字符只有5个，而数组定义的长度为6。

当对数组中所有元素赋初值时也可以省略长度说明。

2. 用字符串直接给字符数组赋初值

所谓的字符串是指用双引号括起来的若干个有效字符序列，如"HELLO"。字符串可以包括转义字符及ASCII码表中的字符（控制字符以转义字符出现）。通常用一个字符数组来存放一个字符串。例如：

```
char str[12]={"C++ program"};
```

也可以省去花括号，直接写为：

```
char str[12]= "C++ program";
```

或

```
char str[]="C++ program";
```

说明：用字符串给字符数组赋初值时，字符在C++语言中规定以转义符'\0'作为结束标志，且'\0'占用一个字符位置，即一个存储单位，因此在定义这类数组长度时必须考虑这个因

素。例如，假设要用一个数组来存放字符串"C++ program"，则字符数组的长度应比该字符串的字符个数多 1，也就是说字符长度应定义为 12，最后一个存储单元用来存放字符串结束标志'\0'。因此上面的数组 str 在内存中实际存放的是："C++ program\0"

4.4.3 字符串

在 C++中，字符串看作以'\0'字符（空字符）结束的字符数组。如果对数组进行初始化时，在结尾放置一个'\0'字符，则构成了字符串。存放字符串的数组元素个数应大于字符串的长度，对字符数组进行初始化赋值时，初值的形式可以是以逗号分隔的 ASCII 码或字符常量，也可以是整体的以双引号括起来的字符串常量，此时，系统自动在最后一个字符后加一个'\0'作为结束符。

在 C++的基本数据类型变量中没有字符串变量，C++用字符数组和 string 类对字符串进行处理。它提供了一系列字符串操作函数。这些函数都包含在头文件 string.h 中，要调用字符串处理函数时，要包含 string.h 文件。其中经常会用到的字符函数包括：strcpy，strcat，strcmp，strlen，strstr。下面我们来讲解一下这些函数。

1. strcat 函数

strcat()函数的原型说明如下：

```
char * strcat (char * s1,char * s2);
```

该函数的功能是将字符串 s2 添加到字符串 s1 的末端，形成一个包含了两个字符串的新字符串；但并不修改字符串 s2。必须明确字符串 s1 足够大，以便保存它自己的内容和字符串 s2 中的内容。一般要求，s1 所指对象的大小不小于 strlen(s1)+stlen(s2)+1。

例 4.7 使用字符串连接函数连接字符串。

分析下列程序的输出结果：

```
#include <iostream.h>
#include <string.h>
void main()
{
    char s1[30]="first";
    char s2[20]="second";
    char s3[10]="third";
    char s4[30];
    strcpy(s4,s1);
    strcat(s4,s2);
    strcat(s4,s3);
    cout<<"s4:"<<s4<<endl;
    cout<<strcat(s1,strncat(s2,s3,3))<<endl;
}
```

2. strcmp 函数

strcmp()函数的原型说明如下：

```
int strcmp (char * s1,char * s2);
```

该函数功能是比较两个字符串是否相等。如果两个字符串相等,返回0。如果字符串s1在字典顺序上比字符串s2大,则返回一个正数;如果比字符串s2小,则返回一个负数。

使用strcmp()函数的关键在于记住当字符串匹配时,它就返回0("假")。所以,假如,希望在字符串相等时,做某些事情的话,将需要使用! 运算符。如下列if语句,当字符串str等于"C++"时,执行相应操作:

```
if(! strcmp(str,"c++"))
cout<<str<<"is c++";
```

注意:函数strncmp比较两个字符串时所采用的字典顺序与真正意义上的字典顺序还是有些差别的。实际上,它依次比较两个字符串相应字符的编码值(如AscII码值)来决定两个字符串的大小。如比较strcmp("A","a")的结果就为1,因为字符'A'的编码值为65,而字符'a'的编码值为97,这与传统意义上的字典顺序不同。

该函数也可以用来比较s1和s2所指向的字符串中前n个字符是否相同,而后面字符不再比较。原函数原型说明如下:

```
int strncmp(char * s1,char * s2,int n);
```

例 4.8 使用字符串比较函数,比较两个字符串的大小。

```
#include <iostream.h>
#include <string.h>
void main()
{
    int result,n;
    char s1[80],s2[80];
    cout<<"Input string #1:";
    cin>>s1;
    cout<<"Input string #2:";
    cin>>s2;
    cout<<"Input a number:";
    cin>>n;
    result=strncmp(s1,s2,n);
    if(result==0)
        cout<<s1<<" is equal to "<<s2<<endl;
    else if(result<0)
        cout<<s1<<" is less than "<<s2<<endl;
    else
        cout <<s1<<" is greater than "<<s2<<endl;
}
```


3. strcpy 函数

strcpy()函数原型说明如下:

char * strcpy(char * to,const char * from);

该函数将from字符串中的内容复制到to字符串中,其中s2的字符串是已知的。需注意

构成 to 的字符串必须足够大，以便保存包含在 from 中的字符串。否则，to 字符串将会溢出，这很可能会导致系统崩溃。

例 4.9　使用字符串拷贝函数将一个已知字符串赋值给一个字符数组。

```
#include <iostream.h>
#include <string.h>
void main()
{
    char s1[8],s3[8];
    char s2[ ]="string";
    strcpy(s1,s2);
    strncpy(s3,s1,3);
    s3[3]='\0';
    cout<<"s1:"<<s1<<endl;
    cout<<"s3:"<<s3<<endl;
    char *s4=strcpy(s3,strcpy(s1,s2));
    cout<<"s4:"<<s4<<endl;
}
```

4. strlen 函数

strlen()函数的原型说明如下：

int　strlen(const char *s);

该函数的功能是返回一个字符串的长度，即字符串中字符的个数(不包括字符串结尾的'\0')。

例 4.10　计算已知字符串的长度。

```
#include <iostream.h>
#include <string.h>
void main()
{
    char s1[]="abc ef";
    char *s2="hello";
    char s3[80];
    cout<<"Input a word:";
    cin>>s3;
    cout<<"s1:"<<strlen(s1)<<endl;
    cout<<"s2:"<<strlen(s2)<<endl;
    cout<<"s3:"<<strlen(s3)<<endl;
    cout<<strlen("iostream.h");
}
```


4.4.4　字符数组的应用

例 4.11　输入长度不超过 50 的字符中，计算并输出该字符串的长度。

```
#include <iostream.h>
```

```
void main()
{
    char str[50];
    int ilength=0,i=0;
    cout<<"请输入一个字符串:"<<endl;
    cin>>str;
    while(str[i]!='\0'&&i<50)
    {
        ilength++;
        i++;
    }
    cout<<"字符串的长度为:"<<ilength<<endl;
}
```

例 4.12 缩写程序将字符数组 str2 中的字符全部复制到字符数组 str1 中,要求不用 strcpy 函数。

```
#include <iostream.h>
void main()
{
    int i;
    char str1[20],str2[20];
    cout<<"请输入一个字符串:\n";
    cin>>str2;
    for(i=0;str2[i]!='\0'&&i<20;i++)
        str1[i]=str2[i];
    str1[i]='\0';
    cout<<"输出拷贝后的字符串:\n"<<str1<<endl;
}
```

例 4.13 从键盘上输入 4 个字符串,输出其中最大者。

```
#include <iostream.h>
#include <string.h>
void main()
{
    int i;
    char max[15]=" ",str[4][15];
    cout<<"请输入 4 个字符串:\n";
    for(i=0;i<4;i++)
    {
        cin.getline(str[i],15);
        if(strcmp(max,str[i])<0)
            strcpy(max,str[i]);
    }
```

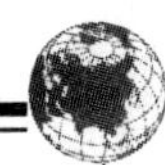

```
    cout<<"最大的字符串是:"<<max<<endl;
}
```

习题四

一、选择题

1. 以下叙述中正确的是(   )。

A. 数组名与变量名的命名规则不相同。

B. 数组名后的常量表达式用一对圆括弧括起来。

C. 数组下标的数据类型为整型常量或整型表达式。

D. 数组下标的下限值是1。

2. 下列有关字符数组与字符串的叙述中正确的是(   )。

A. 字符数组中存放的一定是一个字符串。

B. 字符数组中的字符串不能够整体进行输入输出。

C. 可以像一般数组一样,对字符数组中的单个元素进行操作。

D. 可以在赋值语句中通过赋值符"="对字符数组整体赋值。

3. 以下正确的描述是(   )。

A. 两个字符串所包含的字符个数相同时,才能比较字符串。

B. 字符个数多肯定比字符个数少的字符串大

C. 字符串" ZHANG"与"ZHANG"相等。

D. 字符串"ZHANG"小于字符串"zhang"。

4. 对两个字符数组进行初始化:

```
char x[]="student";
char y[]={'s', 't', 'u', 'd', 'e', 'n', 't'};
```

则以下叙述中正确的是(   )。

A. x数组与y数组长度相同　　B. x数组长度大于y数组长度

C. x数组长度小于y数组长度　　D. 两个数组中存放的内容相同

5. C++语言中,一维数组下标的最小值是(   )。

A. 1　　B. 0　　C. 视说明语句而定　　D. 无固定下限

6. 执行程序段:

```
int k = 3 , s [ 2 ] ;
s [0]= k ; k = s [ 1 ] * 10 ;
```

之后,变量k中的值为(   )。

A. 不定值　　B. 33　　C. 30　　D. 10

7. 若有语句:

```
int  a [10] ;
```

则该语句说明了整型数组a有(   )个数组元素。

A. 10　　B. 11　　C. 1　　D. 不确定

8. 设有数组定义：char array[]="China"；则数组 array 所占的空间为(　　)字节。

A. 4 个　　B. 5 个　　C. 6 个　　D. 7 个

9. 若有语句

char str1[10], str2[10]={ "books"}；

字符串 books 赋给数组 str1 的正确语句是(　　)。

A. str1={"Books"}；　　B. strcpy(str1,str2)；

C. str1=str2；　　D. xtrcpy(str2,str1)；

10. 在 int a[][3]={{1},{2,3},{4,5,6},{0}}；中 a[2][2]的值是(　　)。

A. 0　　B. 5　　C. 6　　D. 2

二、读程序题

1.

```
#include <iostream.h>
void main()
{
    int a[3][3]={1,2,3,4,5,6,7,8,9};
    for(int i(0);i<3;i++)
        cout<<a[i][2-i]<<'\t';
}
```

2.

```
#include <iostream.h>
void main()
{
    int a[5]={1,1,1,0},k(2);
    for(int i(0);i<=k;i++)
        a[i]=a[i]+1;
        cout<<a[k];
}
```

3.

```
#include <iostream.h>
static char ch[]="62k3";
void main()
{
    int s(0);
    for(int a(0);ch[a]>='0'&&ch[a]<='9';a++)
        s=10*s+ch[a]-'0';
    cout<<s;
}
```

4. 若运行时输入"next"，则运行结果是什么？

```
#include <iostream.h>
```

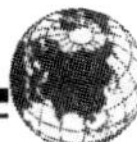

```
#include <string.h>
void main()
{
    char a[10]="a,b,c,d";
    cin>>a;
    strcat(a,"12345");
    cout<<a;
}
```

5.

```
#include <iostream.h>
void main()
{
    char x[5]={'a','a','a','a'};
    for(int i(0);i<=3;i++)
    {
        cout<<endl;
        for (int j=0;j<i;j++)
            cout<<" ";
        for(int k=0;k<5;k++)
            cout<<x[k];
    }
}
```

6.

```
#include <iostream.h>
void main()
{
    char x[]="112233445566";
    x[3]='\0';
    cout<<x;
}
```

7.

```
#include <iostream.h>
void main()
{
    char s[][3]={1,3,5,7,2,4,6,8,9};
    int s1(0),s2(0);
    for(int i(0);i<=2;i++)
        for(int j(0);j<=2;j++)
        {
            if(i==j)
```

```
            s1+=s[i][j];
        if(i+j==2)
            s2+=s[i][j];
    }
    cout<<s1<<'\t'<<s2<<endl;
}
```

8.

```
#include <iostream.h>
void main()
{
    int a[3][3]={1,2,3,4,5,6,7,8,9},b[3][3];
    for(int i(0);i<3;i++)
        for(int j(0);j<3;j++)
            b[i][j]=a[i][j];
    for(i=0;i<3;i++)
    {
        cout<<endl;
        for(int j(0);j<3;j++)
            cout<<b[i][j]<<'\t';
    }
}
```

9.

```
#include <iostream.h>
#include <string.h>
void main()
{
    char str[]="abcdef";
    int  j,i(0);
    char k;
    j=strlen(str)-1;
    for(;i<=j;i++,j--)
    {
        k=str[i];
        str[i]=str[j];
        str[j]=k;
    }
    cout<<str;
}
```

10.

```
#include <iostream.h>
```

```
#include <string.h>
void main()
{
    char str[30]="abcdef";
    strcpy(str,"ghijkl");
    strcat(str,"abcdef");
    cout<<str;
}
```

三、编程题

1. 将字符数组 str2 中的全部字符复制到字符数组 str1 中，不使用 strcpy 函数。复制时，'\0'后面的字符不复制。

2. 将输入的 n 个整数从小到大排序输出，并求出其中所有奇数的个数。

3. 输入 n 个整数，求出其中最大数及其所在的位置，以及此 n 个数中素数的个数。

4. 统计从键盘输入的字符串中字母、空格的个数。

5. 输入 10 个学生的分数，计算平均分，并打印低于平均分数的成绩。

6. 编程实现二维数组的转置(即行列互换)。

7. 输入一个长度不超过 80 的字符串，编程实现删除其中所有的数字字符。

8. 编程实现将一个整数 x 插入一个有序的数组 a 中。

9. 编程实现输入一组整数赋给一个 3×3 的矩阵，求解该矩阵两条对角线元素值的和。

10. 利用二维数组实现杨辉三角形的前 8 行 8 列数据的输出，图形如下：

```
1
1   1
1   2   1
1   3   3    1
1   4   6    4    1
1   5   10   10   5    1
1   6   15   20   15   6    1
1   7   21   35   35   21   7   1
```

第5章 函 数

函数是C++程序中的基本功能模块和执行单元,函数也称子程序、例程或过程。它是把一些相关的语句组织在一起,用于解决某一特定问题的语句块。函数是C++程序的基本特征。C++的库函数已经提供了丰富的功能,但是,进行程序设计时,往往还需要设计自己的函数模块。它将程序和代码进行了封装,实现了对程序设计的高级抽象。在C++中函数抽象的实现,将有利于数据共享,节省开发时间,增强程序的可靠性及使程序更便于管理等。本章将讲述函数的定义和声明,以及函数的调用、重载及递归等重要的基础内容。引入作用域的概念限定变量、函数或程序块的作用范围,介绍使用系统函数的方法,进而提高对变量和函数使用的灵活性。

5.1 函数的定义与声明

讲述函数的定义和说明之前,看一个简单的例子。

例5.1 编写计算一个整数的平方。

```
#include<iostream.h>
int square(int x)                    // 函数定义
{ return x * x;}
void main()
{
   int x,y;
   cout<<"\nPlease input an integer:x=";
   cin>>x;
   y=square(x);                      // 函数调用
   cout<<"square="<<y<<endl;
}
```

在该程序中,包含两个函数:一个是main()主函数,另一个就是用户自定义的函数square()。在main函数中利用调用语句,调用函数square(),使得函数执行,完成其功能。这样,使主函数变得很简练,程序结构清晰。因此,C++源程序都是由若干个函数组成的,每个函数完成一定的功能。运行时,程序总是从主函数main()开始执行,其他函数由main()函数或别的函数调用后执行,最后到main()函数终止运行。

5.1.1 函数的定义

在使用函数之前,首先要对函数进行定义。C++函数的定义有两种形式:一种是带有函数参数;一种是不带函数参数。带参数时,可以有一个或多个参数,还可以有不定个函数参数。

函数定义的一般格式：

[<属性说明>] <类型名> <函数名>([<参数表>])

{<函数体语句>}

说明：

<属性说明>可默认，一般可以是下面的关键字之一：inline（表示该函数为内联函数）、static（表示该函数为静态函数）、virtual（表示该函数为虚函数）、friend（表示该函数为某类class 的友元函数）等（其含义在后续章节中介绍）。

<类型名>为系统或用户已定义的一种数据类型。它是函数执行过程中通过 return 语句要求返回的值的类型，又称为该函数的类型。当一个函数不需要通过 return 语句返回一个值时，称为无返回值函数或无类型函数，此时需要使用保留字 void 作为类型名。每个函数都有类型；如果在函数定义时没有明确指定类型，则缺省类型为 int。

<函数名>是用户为函数所起的名字。它是一个标识符，应符合 C++标识符的一般命名规则。用户通过使用这个函数名和实参表可以调用该函数。

<参数表>又称为形式参数表。它包含有任意多个参数说明项，当多于一个时其前后两个参数说明项之间必须用“,”分开，每个参数说明项由一种已定义的数据类型和一个变量标识符组成。该变量标识符称为该函数的形式参数，简称形参。形参前面给出的数据类型称为该形参的类型。一个函数定义中的<参数表>可以被省略，表明该函数为无参函数；若<参数表>不为空，称为带参函数。

在无参函数中，主调函数并不将数据传送给被调函数。无参函数可以带回或不带回函数值。带参函数在调函数时，在主调函数和被调函数之间有数据传递。也就是说，主调函数可以将数据传给被调函数使用，被调函数中的数据也可以带回来供主调函数使用。

在一个函数的参数表中，每个参数可以为任一种数据类型，包括普通类型、指针类型、数组类型和引用类型等。一个函数的返回值可以是除数组类型之外的任何类型，包括普通类型、指针类型和引用类型等。另外，当不需要返回值时，应把函数定义为 void 类型。

<函数体>是一条复合语句，它以左花括号开始，到右花括号结束，中间为一条或若干条 C++语句。

在例 5.1 的函数定义中：

```
int square(int x)
{ return x * x;}
```

int 为函数返回值的类型，square 为函数名，(int x)为参数表，{ return x * x;}为函数体。

5.1.2 函数的声明

函数声明也称函数模型或函数原型。如果一个函数定义在先，调用在后，调用前可以不必说明；如果一个函数定义在后，调用在先，调用前必须说明。在主函数中，如果要调用另一个函数，则须在此函数或该文件中的开头将要被调用的函数事先进行函数声明。声明函数是为告诉编译器函数的返回类型、名称和形参表构成，以便编译系统对函数的调用进行检查。

函数声明的一般格式为：

函数类型名 函数名(形式参数表);

除了需在函数声明的末尾加上一个分号";"外,其他的内容与函数定义中的第一行(称函数头)的内容一样。

例如:设有一函数定义为:

```
float fun(char a, int b, float c)
{
函数体
}
```

则对 fun 函数的声明为:

```
float fun(char m, int n, float i);  // 末尾要加上分号
```

关于函数声明的几点说明:

(1) 在 C++语言中,函数必须先声明(或定义)后使用。因此,对于库函数,必须在程序开始处用#include 语句包含相应的头文件,因为这些头文件中有所需要的库函数的声明。对于自定义函数,应将函数声明(或定义)写在其调用的前面。

(2) 一个完整的程序中,函数的定义和函数的调用可以在同一个程序文件中,也可以处在不同的程序文件中;但必须确保函数声明语句与函数调用表达式出现在同一个文件中,并且函数声明语句出现在前,函数的调用出现在后。

(3) 当一个函数要被一个文件中的多个函数调用时,可以将该函数声明写在所有函数之前。

(4) 虽然函数声明与函数头相似,但是它们之间也有细微的差别。在函数声明语句中,其形参表中的每个参数允许只保留参数类型,而省略参数名,并且若使用参数名也允许与函数头中对应的参数名不同。

如对 fun 函数的声明:

```
float fun(char, int, float);          // 函数声明中省略了形参名,但不能只写形参名而不写类型
```

(5) 函数声明中除了当函数返回值类型为 int 或 char 时函数类型可以省略外,一般情况下不能省略函数类型,并且函数声明时所指出的函数数据类型必须与该函数定义时的数据类型一致。

(6) 由于调用时是按参数顺序进行传递的,所以函数声明中形参的次序也不要写错。

```
float fun(float i ,char m, int n);  // 函数声明中形参顺序调换是不允许的
```

(7) 并不是对所有被调函数都要作声明。在下列情况下可以默认函数声明。

在同一文件中被调用函数定义写在前面,主调函数写在后面时,调用是在定义的有效域内。

返回值为 int 或 char 类型。但为保证程序结构的一致性,应当养成在调用函数之前都对它进行函数声明的编程习惯。

可以把例 5.1 改写为如下形式:

```
#include<iostream.h>
int square(int x);                    // 声明语句
void main()
```

```
{
  int x,y;
  cout<<"\nPlease input an integer:x=";
  cin>>x;
  y=square(x);                    // 调用语句
  cout<<"square="<<y<<endl;
}
int square(int x)                 // 函数定义
{ return x * x;}
```

将函数 square 定义放在调用语句的后面，那么就要在调用之前，对该函数进行声明。

5.2　函数的调用

函数调用是对已定义函数的一次实际运行，与某类型的一个变量和某类中一个对象类似，函数调用是函数定义的一个“实例”。

5.2.1　函数值和 return 语句

函数调用的两要素是函数和实参表：

<*函数名*>(<*实参表*>)

函数被调用时，实参的值传送给形参，实参和形参之间应一一对应，即参数的个数要相等、类型应相同（或兼容）、种类应一致，否则会造成错误。

函数的返回值是在被调用函数中，通过返回语句来实现。返回语句有两种格式：

格式一：return<*表达式*>;

格式二：return;

关于 return 语句的使用说明如下：

(1) 有返回值的 return 语句，用它可以返回一个表达式的值，从而实现函数之间的信息传递。

(2) 无返回值的函数须用 void 来说明类型。该函数中可以有 return 语句，也可以无 return 语句。当一个被调用函数中无 return 语句，且程序执行到函数体的最后一条语句时，返回调用函数，相当于函数体的右花括号有返回的功能。

5.2.2　函数调用的方式

一个函数被定义后就是为了将来对其调用。调用函数是实现函数功能的手段。C++中函数不仅有赋值调用（包含传变量地址值的传址调用），还有引用调用。

1. 赋值调用方式

C++中变量值有两种：变量本身值和变量地址值。因此赋值调用方式分两种方式：一种是传递变量本身值的调用，称为传值调用；另一种是传递变量地址值的调用，称为传址调用。

传值调用方式是调用函数的实参用常量、变量值或表达式值，被调用函数的形参用变量。调用时系统先计算实参表达式的值，再将实参的值按位置对应赋给形参，即对形参进行初始化。因此,传值调用的实现机制是系统将实参拷贝一个副本给形参。在被调用函数中,形参可以被改变,但这只影响副本中的形参值,而不影响调用函数的实参值。所以传值调用的特点是形参值的改变不影响实参。

例 5.2 使用传值调用方式完成两整数交换。

```
#include<iostream.h>
void change(int a,int b)
{
int temp;
temp=a;
a=b;
b=temp;
cout<<"a="<<a<<"," <<"b="<<b<<endl;
}
void main()
{
int x=0;
int y=1;
change(x,y);
cout<<"x="<<x<<"," <<"y="<<y<<endl;
}
```

程序运行结果为:

```
a=1,b=0
x=0,y=1
```

程序中,在 change()函数中形参 a 和 b 做了一次交换;在 main()中实参 x 和 y 的值没变,只是 change()的形参值发生改变。

传址调用方式是调用函数的实参用地址值,被调用函数的形参用指针。调用时系统将实参的地址值赋给对应的形参指针,使形参指针指向实参变量。因此,传址调用与传值调用不同,它的实现机制是让形参的指针直接指向实参。所以,传址调用时,在被调用函数中可以通过改变形参指针所指向的实参变量值间接改变实参值。传址调用的特点是可以通过改变形参所指向的变量值来影响实参。

例 5.3 使用传址调用方式完成两整数交换。

```
#include<iostream.h>
void change1(int *a,int *b)
{
int temp;
temp= *a;
*a= *b;
*b=temp;
cout<<"a="<<*a<<","<<"b="<<*b<<endl;
}
```

```
void main()
{
  int x=0;
  int y=1;
  change1(&x,&y);
  cout<<"x="<<x<<","<<"y="<<y<<endl;
}
```

程序运行结果为：

```
a=1,b=0
x=1,y=0
```

在程序中，在 change1()函数中，形参 a 和 b 做了一次交换。这次交换间接地(通过地址)使得实参 x 和 y 也做了交换，于是在 main()函数中，x 和 y 的值也进行了交换。可见，传址调用可以在被调用函数中通过改变形参所指向变量值改变调用函数的实参值，达到函数之间的信息传递。

2. 引用调用方式

前面讲过引用的概念是给一个已知变量起个别名，对引用的操作也是对被它引用的变量的操作，引用主要是用来作函数的形参和函数的返回值。

使用引用作函数形参时，调用函数的实参要用变量名。将实参变量名赋给形参的引用，相当于在被调用函数中使用了实参的别名。于是在被调用函数中，对引用的改变，实质就是直接地通过引用来改变实参的变量值。而且这种调用起到传址调用的作用，比传址调用更方便、更直接。因此，C++中常常使用引用作函数形参来实现在被调用函数中改变调用函数的实参值。

例 5.4　使用传址调用方式完成两整数交换。

```
#include<iostream.h>
void change2(int &a,int &b)
{
  int temp;
  temp=a;
  a=b;
  b=temp;
  cout<<"a="<<a<<"," <<"b="<<b<<endl;
}
void main()
{
  int x=0;
  int y=1;
  change2(x,y);
  cout<<"x="<<x<<","<<"y="<<y<<endl;
}
```

程序运行结果为：

```
a=1,b=0
x=1,y=0
```

程序中使用了引用调用。在引用调用方式中，实参用变量名，形参用引用，调用时将实参的变量名赋给对应的形参引用。在被调用函数中，改变引用的值就直接改变了对应的实参值。因此，被调用函数中 a 和 b 的交换，就相当于在 main()中将 x 和 y 进行交换。

在实际编程中，经常使用的是传值调用和引用调用；较少使用传址调用，因传址调用要用到指针，而指针用来传递参数容易出错。所以，人们尽量使用引用调用来替代传址调用，从而避免了指针的使用。

5.2.3 函数参数

各种类型量，如整型、实型、字符型、枚举型、数组以及结构体、共用体和指针等，都可以作为函数的参数。允许在函数的说明或定义时给一个或多个参数指定缺省值。如：

```
int fun(int x,int y=10);
```

在上述对函数 fun()的说明中，对该函数的最右边的一个参数指定了缺省值。在函数调用时，编译器按从左至右的顺序将实参与形参结合，当实参的数目不足时，编译器将按同样的顺序用说明中或定义中的缺省值来补足所缺少的实参。如：fun(15)与 fun(15,10)两个调用表达式是等价的。

在给某个参数指定缺省值时，不仅可以是一个数值，而且还可以是任意复杂的表达式。

例 5.5 设置缺省参数值函数。

```
#include<iostream.h>
void fun(int a=1,int b=11,int c=111)
{
  cout<<"No.1="<<a<<","<<"No.2="<<b<<","<<"No.3="<<c<<endl;
}
void main()
{
  fun();//
  fun(2);
  fun(2,22);
  fun(2,22,222);
  cout<<"ok!";
}
```


执行该程序，输出结果如下：

```
No.1=1,No.2=11,No.3=111
No.1=2,No.2=11,No.3=111
No.1=2,No.2=22,No.3=111
No.1=2,No.2=22,No.3=222
```

ok!

读者根据运行结果,分析该程序。

数组作函数参数可以分为如下三种情况:

1. 形参和实参均为数组

调用函数的实参用数组名,被调用函数的形参用数组。这种调用是形参和实参共用内存中的同一个数组。因此,在被调用函数中如果改变了数组中某个元素的值,对调用函数该数组的该元素值也被改变,因为它们是共用同一个数组。

例 5.6 使用形参和实参共用同一个数组求 1~7 的和。

```
#include<iostream.h>
int a[8]={1,2,3,4,5,6,7};
void add(int b[],int n)
{
for(int i=0;i<n-1;i++)
b[7]+=b[i];
}
void main()
{
int m=8;
add(a,m);
cout<<a[7]<<endl;
}
```

程序运行结果为:28

该程序中开始定义了一个外部的一维数组 a,给它 7 个元素赋初值,此时 a[7]的值为默认值 0。定义的函数 add()的形参 b[]是数组,没有给定大小是因为留给初始化时由实参数组确定。在 main()中 add()的调用语句中,a 是实参,它的大小被定义为 8。在被调用函数中,改变了形参数组 b[7]的值。在 main()中,输出数组 a 的元素 a[7]的值,也为 b[7]的值,因为它们共用数组,即为同一个数组。

2. 形参和实参均用对应数组的指针

在 C++中,数组名被规定为一个指针。指针是指向该数组的首元素的指针,因为它的值是该数组首元素的地址值,因此,数组名是一个常量指针。形参与实参一个用指针,另一个用数组也可以。在使用指针时可以用数组名,也可用另外定义的指向数组的指针。

例 5.7 使用实参用数组名,形参用指向数组的指针求 1~7 的和。

```
#include<iostream.h>
int a[8]={1,2,3,4,5,6,7};
void add(int *p,int n)
{
for(int i=0;i<n-1;i++)
*(p+7)+=*(p+i);
}
```

```
void main()
{
int m=8;
add(a,m);
cout<<a[7]<<endl;
}
```

程序运行结果为:28

该程序中,定义的函数 add()的形参 p 是一个指向 int 型变量的指针,p 指向数组 a 的首元素。在调用表达式 add(a,m)中,a 是数组 a[8]的数组名。它是一个地址值,这种调用实际上是一种传址调用,将一个已知数组 a 的首地址传给形参的一个指针 p,让 p 指向数组 a 的首元素,通过指针 p 可以在被调用函数中改变数组 a 中的元素。

3. 实参用数组名,形参用引用

先用类型定义语句定义一个 int 型的数组类型:typedef int array[8];再使用 array 来定义数组和引用。

例 5.8 使用实参用数组名,形参用引用求 1~7 的和。

```
#include<iostream.h>
typedef int array[8];
int a[8]={1,2,3,4,5,6,7};
void add(array &b,int n)
{
    for(int i=0;i<n-1;i++)
    b[7]+=b[i];
 }
void main()
{
    int m=8;
    add(a,m);
    cout<<a[7]<<endl;
}
```

程序运行结果为:28

该程序中,在 add()函数中使用了引用作形参,调用时所对应的实参应该是一个数组名,引用是给数组起个别名,在 add()函数中对数组 b 的操作是对 b 的引用数组 a 的操作。

5.3 内联函数

函数调用要有一定的时间和空间方面的开销,将影响程序运行效率。特别是对于一些函数体代码不是很大,但又频繁被调用的函数而言,解决其效率问题更为重要。引入内联函数的目的是为了解决程序中函数调用的效率问题。

内联函数的定义:

inline <类型名> <函数名>([<参数表>])<函数体>

就是在函数定义前加上关键字 inline 即可。

例 5.9 使用内联函数编写 1～10 的各数的平方。

```
#include<iostream.h>
inline int sq(int x)
{
    return (x)*(x);
}
void main()
{
    for (int i=1;i<=10;i++)
    {
    int s=sq(i);
    cout<<i<<"*"<<i<<"=" <<s<<endl;
    }
}
```

程序运行结果为：

```
1*1=1
2*2=4
3*3=9
4*4=16
5*5=25
6*6=36
7*7=49
8*8=64
9*9=81
10*10=100
```

该程序中，函数 sq()是一个内联函数。在程序编译时，编译器将程序中出现的内联函数的调用表达式用内联函数的函数体来进行替换。显然这种做法不会产生转去转回的问题，但由于在编译时将函数体中的代码被代到程序中，必然会增加目标程序代码量，进而增加空间开销，而在时间开销上没有函数调用时那么大，可见它以目标代码的增加为代价来换取时间的节省。

使用内联函数的注意事项：

(1) 在内联函数内不允许用循环语句和开关语句；

(2) 内联函数的定义必须出现在内联函数第一次被调用之前；

(3) 后续学到的类结构中所有在类说明内部定义的函数都是内联函数。

5.4 函数重载

在C++程序中，一个函数就是一个操作的名字，两个或两个以上的函数，具有相同的函数名，但形参的个数或参数类型不同。编译器根据实参和形参的类型及个数的最佳匹配，自动

确定调用哪一个函数,即函数重载。在C++中允许功能相近的函数在相同的作用域内以相同函数名定义,从而形成重载。如:

形参类型不同:int add(int x,int y);
　　　　　　　float add(float x,float y);

形参个数不同:int add(int x,int y);
　　　　　　　int add(int x,int y,int z);

例5.10　找出不同类型的几个数的最小值。

```
#include <iostream.h>
int min(int a,int b);
double min(double a, double b);
int min(int a,int b,int c);
double min(double a, double b, double c);
int min(int a,int b,int c,int d);
void main()
{
  cout<<min(13,5,4,9)<<endl;
  cout<<min(3.8,7.1,2.91)<<endl;
  cout<<min(-2,0);
}
int min(int a,int b)
{
  return a<b? a:b;
}
double min(double a, double b)
{
  return a<b? a:b;
}
int min(int a,int b,int c)
{
  int temp=min(a,b);
  return min(temp,c);
}
double min(double a, double b, double c)
{
  double temp=min(a,b);
  return min(temp,c);
}
int min(int a,int b,int c,int d)
{
  int temp1=min(a,b);
  int temp2=min(c,d);
  return min(temp1,temp2);
```

```
}
```

程序运行结果为：

```
4
2.91
-2
```

重载函数的形参必须不同，或者个数不同或者类型不同。编译程序对实参和形参的类型及个数进行最佳匹配，来选择调用哪一个函数。如果函数名相同，形参类型也相同（无论函数返回值类型如何），在编译时会被认为是语法错误（函数重复定义）。不要将不同功能的函数定义为重载函数，以免出现对调用结果的误解、混淆。

5.5　函数的嵌套调用和递归调用

C++程序都是由若干个函数组成的，函数是C++程序中的基本功能模块和执行单元，是相对独立、功能完整的实体，其中有一个函数称为主函数。它是程序执行的入口函数。如图 5.1 所示。

main()函数是控制程序执行起始点的主函数，通过它来实现对其他函数的调用。一般函数可以调用其他函数，也可以被其他函数调用，但主函数只能调用其他函数，而不能被调用，所以函数之间（除main()函数外）是通过调用关系相互联系的。程序从 main 开始执行，最后又回到 main 函数结束。除 main 函数外，还有编译系统预定义函数和用户自定义函数等。系统预定义函数是由系统提供，用户可调用。函数不可嵌套定义，具有全局性，平行性。函数分为有参函数与无参函数，便于函数的使用。

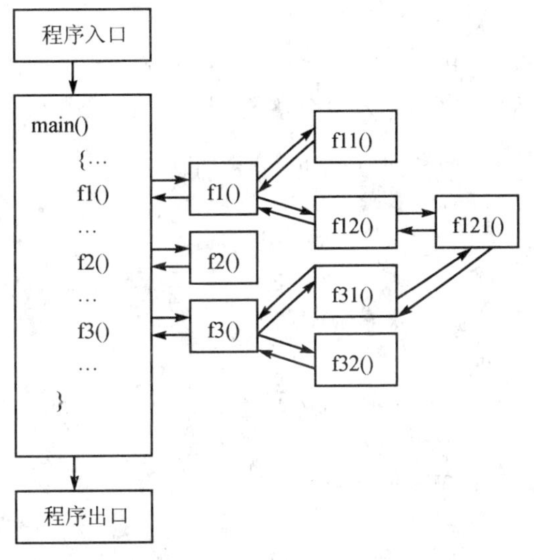

图 5.1　各函数间的调用关系示意图

5.5.1　函数的嵌套调用

C++程序中允许函数的嵌套调用，但不允许对函数作嵌套定义，也就是说在一个函数中不能完整地包含另一个函数。嵌套调用就是指在调用 A 函数的过程中，又调用 B 函数；在调用 B 函数的过程中，还可以调用 C 函数……当 C 函数调用结束后，返回 B 函数；当 B 函数调用结束后，再返回 A 函数。

下面的定义是不合法的。

```
void f1()                              // 函数 f1 首部
{  ……                                  // 函数 f1 的函数体
```

```
    int f2()                              // 定义 f2 函数,这是非法的
    {
    ……                                    // 函数 f2 的函数体
    float f3()                            // 函数 f3 首部
          {  ……                           // 函数 f3 的函数体
          long f2()                       // 定义 f2 函数,这是非法的
              {
                  ……                      // 函数 f2 的函数体
              }
          ……
          }
    ……
    }
……
}
```

函数的嵌套调用是合法的,如:函数 f1 调用函数 f2,函数 f2 再调用函数 f3,便形成了函数的嵌套调用。

例 5.11 输入两个整数,求它们的平方和。

```
#include<iostream.h>
void main()
{
  int a,b;
  int f1(int x,int y);
  cin>>a>>b;
  cout<<"a、b 的平方和"<<f1(a,b)<<endl;
}
int f1(int x,int y)
{
  int f2(int m);
  return (f2(x)+f2(y));
}
int f2(int i)
{
  return (i*i);
}
```


运行结果为:

```
3  4
a,b 的平方和 25
```

5.5.2 数的递归调用

函数的递归调用是在调用一个函数的过程中出现直接或间接地调用函数本身。例如,在

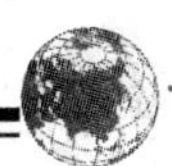

调用 f1()函数过程中，又调用了 f1()函数，这称为直接递归调用；而在调用 f1()函数过程中，调用 f2()函数，调用 f2()函数过程中又调用 f1()函数，称为间接递归调用。递归调用中必须有一个递归结束条件，才能正常结束，得到正确结果。使用递归函数，源程序较短，而程序执行时间反而会增加。

例 5.12　使用递归的方法求 n!

当 n>1 时，求 n! 的问题可以转化为 n*(n-1)! 的新问题。比如 n=5：

递归级别	推算过程	回归计算结果	
0	fac(5)	120	
1	5*fac(4)	5*4*3*2*1	
2	4*fac(3)	4*3*2*1	
3	3*fac(2)	3*2*1	
4	2*fac(1)	2*1	
5	1*fac(0)	1	得到值 1，结束递归。

源程序：

```
#include<iostream.h>
fac(int n)
{int t;
 if((n==1)||(n==0)) return 1;
 else
 { t=n*fac(n-1);
   return t;
 }
}
void main( )
{
     int m,y;
     cout<<"Enter m:";
     cin>>m;
     if(m<0) cout<<"Input data Error! \n";
     else
     { y=fac(m);
     cout<<m<<"的阶乘为:"<<y<<endl;
 }
}
```

例 5.13　有一个等差数列，首项是 3，公差是 2，求第 5 项 a5。

```
#include<iostream.h>
int getan(int n, int a1)                    // 要求第 n 项,a1 为已知的首项
{
  if(n==1)
    return a1;                              // 如果 n=1,返回 a1 的值,这是递归得以结束的关键
```

```
  else
    return getan(n-1,a1)+2 ;          // 再次调用自身求出第 n-1 项,返回结果加上公差 2
}
void main()                           // 主函数
{
 int a1=3;                            // 设首项
 int a5=getan(5,3);                   // 递归求解第 5 项 a5
 cout<<a5<<endl;                      // 输出
}
```

程序的运行结果为：

11

递归函数调用自身是一个不断循环过程，就像循环语句需要有条件让它停止循环，否则就陷入了无限循环之中，所以 if(n==1) return a1;就是停止递归的条件。

首先当主函数执行到 int a5=getan(5,3);开始求 a5 的值。

n=5>1 所以 gatan()函数又调用自身，并把参数 5-1=4 和 3 传给下一个函数，所以执行 getan(4,3)；

n=4>1gatan()函数再次调用自身，并把参数 3 和 3 传给下一个函数，所以执行 getan(3,3)；

n=3>1 执行 getan(2,3)；

n=2>1 执行 getan(1,3)；

n=1 现在 getan(1,3)的返回值是 3；

getan(2,3);返回值是 3+2=5；

getan(3,3);返回 5+2；

getan(4,3);返回 7+29；

最后 getan(5,3);返回 9+2，变量 a5=11，最终的结果就为 11。

从理论上讲，函数反复调用自身的过程称为递推的过程，而每个函数的返回称之为回推。递推的过程把复杂的问题一步步分解开，直到出现最简单的情况，就像已知 a1=3 得到了最简单情况的解，就可以回推回去得出原来复杂问题的答案了。

例 5.14 有这么一个传说：布拉马教堂的牧师们碰到了一个难题，有一个金制的平板，上面有 3 根钻石针，其中一根针上有按大小排好顺序的 64 个金盘子。这些牧师每天移动一个盘子，并遵守原顺序把这些盘子移到另一根针上的时候，时间将会终结。问：如果牧师们每天移动一个盘子，而他们在 0 年的时候开始，那么什么时候时间终结？

这个传说被科学家称之为"汉诺塔问题"，如图 5-2 所示，遵循以下三个规则将盘子从左边的柱子移到右边的柱子上：

(1) 一个盘子拿走之后，它必须放回某个柱子上；

(2) 一次只能移动一个盘子，而且必须是柱子最上面的那个；

(3) 大盘子不能放在小盘子上面。

从确定一个初始状态开始，这种情况非常简单：如果只有一个盘子，那么从 A 柱移到 C 柱。

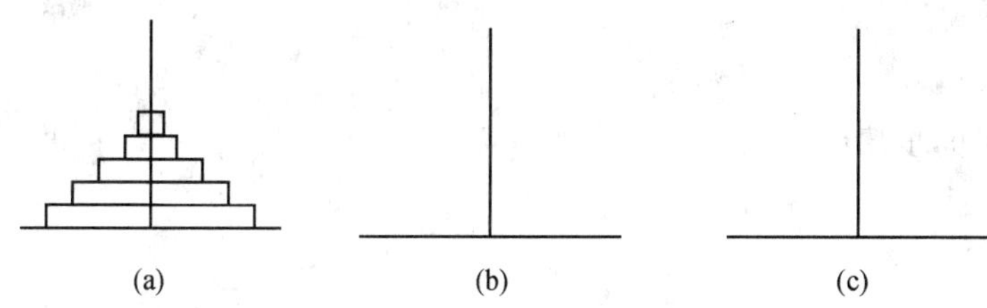

图 5.2 汉诺塔问题示意图

现在寻找 n≥1 个盘子的归纳方法，假设存在解决 n－1 个盘子的方法分解下面 3 个步骤：

(1) 移动 A 柱最上面的 n－1 个盘子到 B 柱，使用 C 柱中转；

(2) 把 A 柱上剩下的一个盘子移到 C 柱上；

(3) 将 n－1 个盘子从 B 柱移到 C 柱上，使用 C 柱中转；

这三个步骤包含两种操作：

(1) 将多个盘子从一个柱移到另一个柱上，这是一个递归的过程。

(2) 将 1 个盘子从一个柱上移到另一柱上。

所以，用 hanot 函数实现第一种操作，用 move 函数实现第二种操作。

```
#include<iostream.h>
void move(char getone,char putone)
{
  cout<<getone<<"-->"<<putone<<endl;
}
  void hanot(int n,char A,char B,char C)
{
  void move(char getone,char putone);
  if (n==1)move(A,C);
  else
  {
   hanot(n-1,A,C,B);
   move(A,C);
   hanot(n-1,B,A,C);
  }
}
void main()
{
   void hanot(int n,char A,char B,char );
   int m;
   cout<<"输入盘子数";
   cin>>m;
   cout<<"移动"<<m<<"个盘子的步骤为:"<<endl;
   hanot(m,'A','B','C');
}
```

程序运行结果为：

输入盘子数 3

移动 3 个盘子的步骤为：

A→C

A→B

C→B

A→C

B→A

B→C

A→C

递归是一种非常有用的程序设计技术，特别是当事物本身蕴含着递归关系时，采用递归算法则是一种最佳的选择。递归的缺点有两个：一是当递归层次较多时，要占用较多的系统资源；二是递归的进入和退出使系统的执行效率降低。因此，为了节省系统资源和提高效率，只要可能，通常是用递推算法来代替递归算法。

注意：并不是所有的自己调用自己都是递归调用，如利用 min()函数求三个数中较小数时，其调用形式是：m=min(x,min(y,z))；该语句是 main()函数中执行，首先调用 min(y,z)，计算出函数值，再用该函数值作实参调用外层的 min()函数，求出较小者。即语句中的两个 min()函数都是 main()函数调用的，而不是由外层的 min()函数调用内层的 min()函数，因此，它不是递归调用，也不可能形成逐层进入和逐层返回的递归调用过程。

5.6 作用域

作用域是一个标识符在程序正文中有效的区域。不同的标识符定义在不同的范围内，有着不同的作用域，即该标识符是否可见的一段区域，若可见，在该程序区域内就可以使用该标识符，否则不能使用。

在 C++中，按作用域的大小可分为 4 类：程序级、文件级、函数级和块级。其中，程序级作用域最大，属于程序级作用域的有外部函数和外部变量。这类标识符一般在某个文件中定义。属于文件级作用域的有内部函数和外部静态变量，这种作用域定义在文件内。属于函数级作用域的有函数的形参和在函数内定义的自动类变量、寄存器类变量和内部静态变量以及语句标号，这些作用域都定义在函数体内。块级作用域最小，属于块级作用域的有在分程序、if 语句、switch 语句以及循环语句中的自动类变量、寄存器类变量和内部静态变量。

5.6.1 变量的存储类别

变量就存储分配等特征区分为不同的存储类。在 C++中把变量划分为以下 4 类：

(1) auto 变量：用关键字 auto 说明的局部变量，称为自动变量。该变量在程序的临时工作区中获得存储空间，如果说明语句未赋初值，系统不会自动为其赋初值，随着变量生存期结束，这段临时空间将被释放。自动变量只能被声明在函数体或语句块的内部，变量的 auto 属性为默认属性，即不写 auto 与写上的效果相同。

使用自动存储变量的好处是可以随用随建，不用即销，充分利用内存空间，提高资源的利

用率。在C++程序中，多数使用的都是此变量。

(2) register变量：用register说明的局部变量，称为寄存器变量。该变量将以寄存器作为存储空间。register说明仅能建议（不能强制）系统使用寄存器，这是因为寄存器虽存取速度快，但个数有限，当寄存器不够用时，该变量仍按自动变量处理。

(3) static变量：用static说明的变量称为静态变量。任何静态变量的生存期将延续到整个程序的终止，其要点为：

静态变量和全局变量一样，在内存数据区分配空间，在整个程序运行过程中不再释放。

静态变量如未赋初值，系统将自动为其赋默认初值0(NULL)。

静态变量的说明语句在程序执行过程中多次运行或多次被同样说明时，其第一次称为定义性说明，进行内存分配和赋初值操作，在以后重复说明时仅维持原状，不再做赋初值的操作。

static变量是"永久"占用空间，因此可以保存函数调用过程中某些局部量的结果，并把它传送到该函数的下次调用之中。由于静态变量容易浪费空间，所以不宜过多使用。静态局部变量的主要优点是它既可以像全局变量那样在函数的多次调用之间保存其值，又避免了全局变量那种毫无保护、谁都可以访问的缺点。

(4) extern变量：用关键字extern说明的变量称为外部变量。

一个变量被说明为外部变量，其含义是告诉系统不必为其按一般变量那样分配内存，该变量已在这一局部的外面定义，外部变量一般用于由多个文件组成的程序中，有些变量在多个文件中被说明，但却是同一变量，指出某一变量为外部变量就避免了重复分配内存。

用extern声明外部变量时，类型标识符可以省略。如"extern int i;"也可以写成："extern i;"，i的类型由它的定义决定。

例5.15　分析下列变量的输出结果。

```
#include <iostream.h>
void fun1(),fun2(),fun3();
int i(5);
void main()
{
  i=20;
  fun1();
  cout<<"main():i="<<i<<endl;
  fun2();
  cout<<"main():i="<<i<<endl;
  fun3();
  cout<<"main():i="<<i<<endl;
}
```


该程序由两个文件组成，编译时要生成一个项目文件，file1.cpp内容如下：

```
#include <iostream.h>
static int i;
void fun1()
{
```

```
    auto i=50;
    cout<<"fun1():i(static)="<<i<<endl;
}
void fun2()
{
    auto int i=15;
    cout<<"fun2():i(auto)="<<i<<endl;
    if(i)
    {
        extern int i;
        cout<<"fun2():i(extern)="<<i<<endl;
    }
}
extern int i;
void fun3()
{
    i=30;
    cout<<"fun3():i(extern)="<<i<<endl;
    if(i)
    {
        int i=10;
        cout<<"fun3():i(auto)="<<i<<endl;
    }
}
```

程序中 main. cpp 文件中开始定义一个外部变量 i,并赋初值 5。在 main()函数中,更新 i 的值为了 20。在 file1. cpp 文件中,开始定义了外部静态变量 i,在 fun1()函数中,给 i 赋值为 50,在 fun2()中,定义自动变量 i,并赋初值 15,而在它的 if 选择体中,又说明了 i 是外部变量。在 fun3()函数前,又说明 i 是外部变量。在函数 fun3()中,更新 i 的值为 30,在它的 if 选择语句体内,又重新定义 i 为自动类,并初始化为 10。在程序中,i 在不同的函数内有不同的存储类,分清 i 变量的不同作用域内的不同存储类。

程序运行结果为:

```
fun1():i(static)=50
main():i=20
fun2():i(auto)=15
fun2():i(extern)=0
main():i=20
fun3():i(extern)=30
fun3():i(auto)=10
main():i=20
```


5.6.2 全局变量与局部变量

C++规定变量说明语句可以出现在程序的任何位置。

全局变量:其说明语句不在任何一个类定义、函数定义和复合语句(程序块)之内的变量。其作用域在程序级和文件级的变量,包含外部变量和外部静态变量。

局部变量:其说明语句在某一类定义、函数定义或复合语句之内的变量。即变量说明语句包含在"{"和"}"之内的变量为局部变量,否则为全局变量。局部变量包括自动类变量、寄存器类变量和内部静态类变量以及函数参数。

例 5.16　全局变量与局部变量应用。

```
#include<iostream.h>
void other();                  // 函数声明
int d=80;                      // 全局变量
void main()
{
    int a=3;                   // 内部自动变量,只在 main()内起作用
    register int b=4;          // 寄存器变量,只在 main()内起作用
    static int c;              // 内部静态变量,只在 main()内起作用,缺省值为 0
    cout<<"a="<<a<<",b="<<b<<",c="<<c<<",d="<<d<<endl;
    other();
    other();
}
void other()
{
  int a=11;                    // 内部自动变量,只在 other()内起作用
  static int b=12;             // 内部静态变量,只在 other()内起作用
  b+=13;
  cout<<"a="<<a<<",b="<<b<<",d="<<d<<endl;
}
```

该程序的运行结果为:

```
a=3,b=4,c=0,d=80
a=11,b=25,d=80
a=11,b=38,d=80
```

根据结果进行分析各种变量的特点。

5.6.3　外部变量

程序可以由几个源文件组成,大多数程序一般都会有几个源文件。如果程序由多个源文件组成,就需要在一个源文件中访问在另一个源文件中声明的全局变量。这一点使用 extern 关键字就可以实现。

假定一个程序文件包含如下内容:

```
// file1.cpp
int shared_value=100
// other program code……
```

如果另一个文件中的代码需要访问 shared_value 变量，就可以使用下面的语句：

```
// file2. cpp
extern int shared_value;
int main()
{
int x=  shared_value+1;
// other program code……
}
```

由于 file2. cpp 中的第一个语句把 shared_value 变量声明为外部，因此这只是一个声明，不是定义。在 main()中对 shared_value 变量的引用就是引用在第一个文件 file1. cpp 中定义的变量。

在声明外部变量时，不能使用初始化值。假定在第二个文件 file2. cpp 中有如下代码：

extern int shared_value=1;

将 shared_value 变量定义为局部变量，extern 声明无效。

5.6.4 内部函数与外部函数

C++中所有的函数都是平行定义的，不能嵌套，因此函数本质上都是外部的。另一方面，由于这些函数可以分散在多个文件中，根据这些函数是否允许在多个文件中使用，而将它们分为内部函数和外部函数，分别用 static 和 extern 关键字来定义或声明。

内部函数又被称为静态函数，它只能在定义它的文件中被调用，而不能被其他文件中的函数调用。为了定义内部函数，需要在函数定义的前面使用 static 关键字，定义格式如下：

static <类型标识符><函数名><(形参表)>

如 static float fun(float x,int b){…}定义了一个静态函数 fun()，它的作用域是文件级的，即它仅局限于定义它的文件，在其他文件中不能调用此函数。

通常把只能由同一文件使用的函数和外部函数变量放在一个文件中，在它们前面均加 static 使之局部化，其他文件不能引用。这种功能使模块化程序设计更方便，尤其是在多人合作开发大的程序时，可以有效地防止重名干扰，并使模块界面清晰。

外部函数可以被其他文件中的函数调用。在函数定义和调用时使用 extern，格式如下：

extern<类型标识符><函数名><(参数表)>

如 extern float fun(float x,int b){…}定义了一个实型的外部函数 fun()，可供其他文件中的函数调用。在其他文件中如果有函数要调用 fun()，则应在调用前用 extern 作外部函数说明。

例 5.17 外部变量、外部函数的应用。

该程序由 3 个文件构成，需建立一个项目文件。

```
// 文件 main. cpp
#include<iostream. h>
int i=1;                                          // 外部变量
extern int reset(),next(),last(). other(int);    // 外部函数声明
void main()
```

```
{
    int i=reset();
    for(int j=1;j<=3;j++)
    {
        cout<<i<<","<<j<<",";
        cout<<next()<<",";
        cout<<other(i+j)<<endl;
    }
}
static int i=10;                       // 外部静态变量
extern int next()                      // 外部函数
{
    return i+=1;                       // 外部静态变量 i=10+1=11
}
extern int last()
{
    return i-=1;                       // 外部静态变量 i=11-1=10
}

extern int other(int i)
{
    static int j=5;                    // 内部静态变量 j
    return i=j+=1;                     // 参数 i 作内部变量 i=5+1=6; i=6+1=7;i=7+1=8
}
extern int i;
extern int reset()
{
    return i-=1;                       // i=1-1=0
}
```

程序的运行结果为：

```
0,1,11,10,6
0,2,11,10,7
0,3,11,10,8
```

根据运行结果，分析该程序。

5.7 C++的系统函数

当在程序中需要多次使用某一公式或处理某些函数关系时，可以调用C++中已经提供的大量系统预定义函数（sqrt，cos，log，fabs等）。这些函数又称为库函数或标准函数。如常用的数学计算函数、字符串处理函数、图形处理函数、标准输入输出函数、文件管理函数、内存分配管理函数等。库函数是按功能集中定义说明在不同的头文件中，用户只需在自己的程序中包含某个头文件,就可以直接使用该文件中定义的函数。这种包含操作是由编译预处理命令 #include<头文件名>来实现的。常用的系统函数参见附录Ⅲ。

例 5.18 系统函数的应用。

```
#include<iostream.h>
#include<math.h>
const double pi(3.14159265);
void main()
{
    double i(60*pi/180),x,y,z,f;
    f=sin(i)+cos(i);
    z=1/tan(i);
    cout<<"f="<<f<<endl;
    cout<<"z="<<z<<endl;

}
```

该程序的运行结果为:

```
f=1.36603
z=0.57735
```

习题五

一、选择题

1. 当一个函数无返回值时,定义它时函数的类型应是( )。

A. void　　B. 任意　　C. int　　D. 无

2. 以下函数的类型是( ),函数的返回值是( )。

func(float x){cout<<x*x<<endl;}

A. 与参数 x 的类型相同　　B. void 类型

C. int 类型　　D. 无法确定

3. 在函数说明时,下列( )项是不必要的。

A. 函数的类型

B. 函数参数类型和名字

C. 函数名字

D. 返回值表达式

4. 下列函数调用语句的实参的个数是( )。

fun (a_b,(y=9,y*x),fun(y,n,k));

A. 3　　B. 4　　C. 5　　D. 6

5. 在一个被调用函数中,关于 return 语句使用的描述,( )是错误的。

A. 被调用函数中可以不用 return 语句

B. 被调用函数中可以使用多个 return 语句

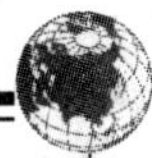

C. 被调用函数中，如果有返回值，就一定要有 return 语句

D. 被调用函数中，一个 return 语句可返回多个值给调用函数

6. 以下程序的输出结果是(　　)。

```
#include <iostream.h>
void main( )
{int  x=1,y=2;
 void s1(int y,int x);
 s1(x,y);
 cout<<"x="<<x<<","<<"y="<<y<<endl;
}
void s1(int x,int y)
{ cout<<"x="<<x<<","<<"y="<<y<<endl;
 x=3,y=4;
}
```

A. x=1,y=2
x=1,y=2　　B. x=1,y=2
x=3,y=4　　C. x=2,y=1
x=3,y=4　　D. x=2,y=1
x=1,y=2

7. 在函数的返回值类型与返回值表达式的类型的描述中，(　　)是错误的。

A. 函数返回值的类型是在定义函数时确定，在函数调用时是不能改变的

B. 函数返回值的类型就是返回值表达式的类型

C. 函数返回值表达式类型与函数返回值类型不同时，表达式类型应转换成函数返回值类型

D. 函数返回值类型决定了返回值表达式的类型

8. 下列描述中(　　)是引用调用。

A. 形参是指针，实参是地址值

B. 形参和实参都是变量

C. 形参是数组名，实参是数组名

D. 形参是引用，实参是变量

9. 下列描述中不正确的是(　　)。

A. 用 #includc 包含的头文件的后缀可以是.h

B. 局部变量可以在函数体外的任何部位进行定义

C. 局部变量的"生存期"仅限于本次函数调用，因此不可能将局部变量的运算结果保存至下一个调用

D. 用 static 说明一个外部变量，是为了限制其他编译单位的引用

10. 在传值调用中，要求(　　)。

A. 形参和实参类型任意，个数相等

B. 实参和形参类型都完全一致，个数相等

C. 实参和形参对应的类型一致，个数相等

D. 实参和形参对应的类型一致，个数任意

11. 以下叙述正确的是(　　)。

A. 建立内联函数的主要目的是提高程序的执行效率

B. 建立内联函数的主要目的是减少程序文件的占用的内存

C. 内联函数的参数传递关系与一般函数的参数传递关系不同

D. 任意函数均可以定义成为内联函数

12. 在C++语言中,关于下列设置参数缺省值的描述中,(　　)是正确的。

A. 不允许设置参数的默认值

B. 设置参数默认值只能在定义函数时设置

C. 设置参数默认值时,应该是先设置右边的再设置左边的

D. 设置参数默认值时,应该全部参数都设置

13. 重载函数在调用时选择的依据中,(　　)是错误的。

A. 参数个数　　B. 参数的类型　　C. 参数的顺序　　D. 函数的类型

14. 下列的标识符中,(　　)是文件级作用域的。

A. 函数形参　　B. 语句标号

C. 外部静态类标识符　　D. 自动类标识符

15. 有一个 int 型变量,在程序中使用频度很高,最好定义它为(　　)。

A. register　　B. auto　　C. extern　　D. static

16. 在一个函数中,要求通过函数来实现一种不太复杂的功能,并且要求加快执行速度,选用(　　)比较合适。

A. 内联函数　　B. 重载函数　　C. 递归调用　　D. 嵌套调用

17. 采用函数重载的目的在于(　　)。

A. 实现共享　　B. 减少空间

C. 提高速度　　D. 使用方便,提高可读性

二、读程序题

1.

```
#include <iostream.h>
#define M(m) m*m
f1(int x)
{
  int a=2;
  return M(x+a);
}
void main()
{
  int a=4,b;
  b=f1(a);
  cout<<b<<endl;
}
```

2.

```
#include <iostream.h>
```

```
void swap(int a,int b)
{
  int temp;
  temp=a;
  a=b;
  b=temp;
}
void main( )
{
  int i=3,j=5;
  swap(i,j);
  cout<<i<<","<<j<<endl;
}
```

3.

```
#include<iostream.h>
void LE(int * a, int * b)
{  int x;
   x= * a;
   * a= * b;
   * b=x;
   cout<< * a<<' '<< * b<<endl;
}
void main()
 {
   int x=11, y=22;
   LE(&x,&y);
   cout<<x<<' '<<y<<endl;
}
```

4.

```
#include <iostream.h>
int fun(int a)
{
  static int m;
  m=m+a;
  return m;
}
void  main()
{
  int k,sum=0;
  for(k=1;k<=5;k++)
  sum=sum+fun(k);
```

```
  cout<<sum;
}
```

5. 从键盘输入 123,写出输出结果。

```
#include <iostream>
using namespace std;
int main()
{
 void convert(int n);
 int number;
 cout<<"input an integer:";
 cin>>number;
 cout<<"output:"<<endl;
 if (number<0)
   {
    cout<<"-";
    number=-number;
   }
  convert(number);
  cout<<endl;
  return 0;
}
void convert(int n)
{
  int i;
  char c;
  if ((i=n/10)! =0)
    convert(i);
  c=n%10+'0';
  cout<<" "<<c;
}
```

6. 从键盘输入 12 和 54,写出输出结果。

```
#include <iostream>
using namespace std;
int main()
{
   int hcf(int,int);
   int lcd(int,int,int);
   int u,v,h,l;
   cin>>u>>v;
   h=hcf(u,v);
   cout<<"H.C.F="<<h<<endl;
```

```
    l=lcd(u,v,h);
    cout<<"L. C. D= "<<l<<endl;
    return 0;
}
int hcf(int u,int v)
{
  int t,r;
  if (v>u)
    {t=u;u=v;v=t;}
  while ((r=u%v)! =0)
  {
      u=v;
      v=r;
  }
  return(v);
}
int lcd(int u,int v,int h)
 {return(u * v/h); }
```

三、编程题

1. 输入两个整数，将它们按由大到小的顺序输出。要求使用变量的引用。

2. 输入一个字符串，把其中的字符按逆序输出。如输入 HAPPY，则输出 YPPAH。

3. 编一个程序，用同一个函数名对 n 个数据进行从小到大排序，数据类型可以是整型、单精度型、双精度型。用重载函数实现。

4. 编写函数求两个整数的最大公约数和最小公倍数。

5. 在主程序中提示输入整数 n，编写函数用递归的方法求 1+2+3+4…+n 的值。

6. 写一个判别素数的函数，在主函数输入一个整数，输出是否为素数的信息。

第6章 指 针

在C++中有专门用来存内存单元地址的变量类型。这就是指针类型。它是一种数据类型,具有指针类型的变量称为指针变量。指针变量是用于存放内存单元地址的变量。

指针是用来操纵地址的特殊类型变量。它可作为函数参数用来传递数组变量,也可用来访问和操作内存空间。指针是理解许多C++语言现象的关键。本章主要介绍指针的相关概念及使用方法,在最后介绍如何使用new和delete进行动态存储分配。

6.1 指针概念

C++语言程序设计中指针的概念是不可缺少的主要内容。利用指针可以直接对内存中各种不同数据结构的数据进行快速的处理,并且它为函数间各类数据的传递提供了快捷便利的方法。因此,正确熟练地使用指针可以编制出简洁明快、性能强、质量高的程序。但是,指针的不当使用也将产生程序失控的严重错误。因此,充分理解和全面掌握指针的要领和使用特点,是C++程序设计的重点内容之一。本节将全面讲述指针的概念以及它在数据处理中的使用特点。

6.1.1 地 址

计算机的内存储器像一个巨大的一维数组,每个数组元素就是一个存储单元。每个内存单元都有一个编号,又称地址。它可用一个无符号整数表示。在计算机中,按照内存的地址就可以访问该存储区域里的内容,即按地址来读写该存储区域里的数据。

凡是存放在内存储器中的程序和数据都有一个地址,用它们占用的那段存储单元中的第一个存储单元的地址表示。在C++中,为某个变量或函数分配存储器的工作由编译程序完成。在编写程序时,通常是通过名字来使用一个变量或者调用某个函数。这样做直观,又方便。而变量和函数的名字与其实际存储地址之间的变换由编译程序自动完成。但是C++也允许直接通过地址处理数据,很多情况下这样做可以提高程序的运行效率。

那么怎样才能知道某个变量、数组或者函数的地址呢?C++规定:

(1) 变量的地址可以使用地址运算符 & 求得。例如,&x表示变量x的地址。

(2) 数组的地址,即数组第一个元素的地址,可以直接用数组名表示。

(3) 函数的地址用函数名表示。

6.1.2 指 针

某个变量的内存地址称为该变量的指针。因此,用以表示不同指针(即地址值)的变量就是指针变量,简称指针。指针显然是不同于整型和实型的一种数据类型。

如上所述,指针也是一个变量,必须遵循“先声明后使用”的原则。在C++中,根据指针

所指向变量类型的不同，指针和指针变量也分为不同类型。指向整数的指针和指向实数的指针被认为是两种不同类型的指针。

6.2 指针的定义及使用

本节讲述如何定义指针，如何使用指针，如何给指针赋初值和赋值，以及指针所具有的各种运算等。

6.2.1 指针变量的定义

C++规定，所有变量在使用前都必须定义，规定其类型。指针变量也是如此，如果要定义一个变量为指针型，则需在该变量前面加上指针运算符“*”。其格式如下：

＜数据类型＞　＊＜变量名＞，＊＜变量名＞，……；

其中，＜数据类型＞是指针所指对象的类型，在C++中指针可以指向任何C++类型。＜变量名＞是指针变量名，即在一个声明语句中，如果变量名称前有＊号，则就会使该变量成为一个指针变量。

例如语句：

```
int a(8);
int *p=&a;
```

这里，定义了一个int型变量a，它被初始化为8。而int *p=&a是定义一个指针p。p是一个指向int型变量的指针，它被初始化，使p指向int型变量a。这里&a是表示变量a的地址值。于是，p是一个指向变量a的指针，p的数据值便是变量a的地址值。p与a这两个变量的关系如图6.1所示，变量a的地址值为1000H(假定的)，变量a的数据值为8。指针p值为3000H(假定的)，指针p的数据值为1000H，这说明指针p是指向变量a的指针。

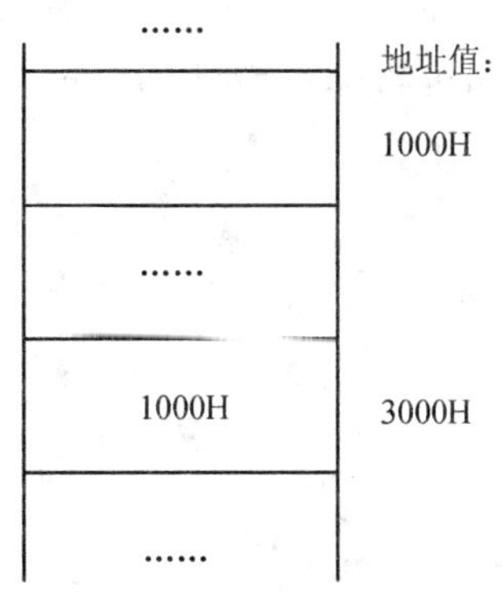

图6.1　指针变量与变量的关系

再例如：

```
int *pi ;        // pi是一个指向int型变量的指针
float *pl ;      // pl是一个指向float型变量的指针
char *pc ;       // pc是一个指向char型变量的指针
```

在定义一个指针后,系统便给指针分配一个内存单元。各种不同类型的指针所被分配的内存空间的大小是相同的,因为不同类型的指针存放的数据值都是内存地址值。

在定义指针变量时,应注意下面几点:

(1) 指针变量用"*"来标识,但"*"不是指针变量的一部分。前面定义的变量名是 pi,p1,pc,而不是*pi,*p1,*pc。

(2) 一个指针变量只能指向同一类型的变量。例如在定义 p1 时,指定它是指向 float 变量的指针变量,则在使用中 p1 必须始终指向一个 float 变量,而不能转而指向整型、字符型等。

(3) 字符"*"既代表乘号,又是指针运算符;而"&"既是"按位与"运算符,又是取地址运算符。它们有两点区别:

1) "*"和"&"在作指针和取地址运算符时是一元运算符,只有一个操作数;而"*"和"&"用于算术和位运算时,是二元运算符,有两个操作数。

2) "*"和"&"作为算术运算符时,仍按算术运算符的优先级。

(4) "*"和"&"互为逆运算。弄清二者的关系,有助于理解指针变量的定义和使用。例如:有如下说明语句:

```
int i;
int * point=&i;
```

point 是一个指针变量(存放 i 的地址)。它的前面加上"*"则表示 point 所指向的内容,也就是 i 的值,所以*point 就是 i。因此,如果对*point 执行取地址运算 &(*point),则结果为 point,即*ponit 的地址(也就是 i 的地址 &i);反之,执行运算*(&i),表示访问 i 的地址所指向的数据,也就是 i 本身,如图 6.2 所示。

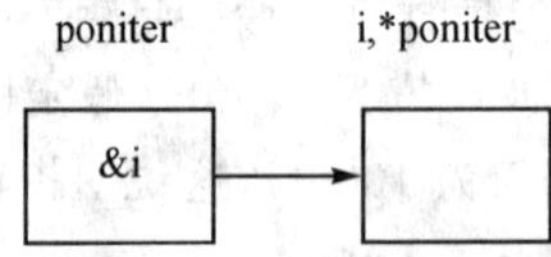

图 6.2 指针与地址的关系

对指针变量的初始化,有如下两种方式:

(1) 直接地址赋值,例如:

```
int  m=0;
int * p;
p=&m;
```

(2) 间接地址赋值,例如:

```
int  m=0;
int * p, * q;
p=&m;
q=&p;
```

指针与一般变量一样,需要先定义后再使用。

例 6.1 输出比较变量的值与变量的地址。

```
#include <iostream.h>
void main( )
{
    int i(0);
    int *p;
    p=&i;
    cout<<*p<<endl;
    cout<<p<<endl;
    *p=*p+1;
    cout<<i<<endl;
    cout<<*p<<endl;
    cout<<p<<endl;
}
```

说 明：

当对指针p进行赋值后，即“p=&i;”，指针p就跟变量i联系在一起了，p保存变量i的地址，更确切地说就是p指向变量i以后，对*p的操作实际上就是对变量i的操作。

例6.2 下面程序说明了指针变量改变过程。

```
#include <iostream.h>
void main()
{
    int *p;
    int x=20;
    cout<<"line 1:x="<<x<<endl;
    p=&x;
    cout<<"line 2:*p="<<*p<<",x="<<x<<endl;
    *p=50;
    cout<<"line 3:*p="<<*p<<",x="<<x<<endl;
    cout<<"line 4:Addess of p="<<&p<<endl;
    cout<<"line 5:value of p="<<p<<endl;
    cout<<"line 6:value of memory location "<<"poninted to by *p "<<*p<<endl;
    cout<<"line 7:Addess of x="<<&x<<endl;
    cout<<"line 8:value of x="<<x<<endl;
}
```

运行结果如下：

```
line 1:x=20
line 2:*p=20,x=20
line 3:*p=50,x=50
line 4:Addess of p=0x0013FF7C
line 5:value of p=0x0013FF78
line 6:value of memory location pointed to by *p 50
line 7:Addess of x=0x0013FF78
```

```
line  8:value of x=50
```

6.2.2 指针运算

对指针也可以进行一些运算:如赋值、取地址、间接访问、比较、加赋值、减赋值等。

1. 赋　值(=)

指针之间也能够赋值。它是把赋值号右边指针表达式的值赋给左边的指针对象。该指针对象必须在左侧,并且赋值号两边的指针类型必须相同。但有一点例外,那就是允许把任意类型的指针赋给 void * 类型的指针对象,如:

```
int i(0), * cp;
cp=&i;
```

2. 取地址(&)

取地址操作符是单目操作运算符。它被用在一个指针对象的前面,运算结果是该指针对象的地址。如:

```
int x=20, * xp=&x;
cout<<x<<' '<<xp<<endl;
```

取地址操作的操作数必须是一个值,其操作结果是一个地址值。

3. 取　值(*)

它是一个单目运算符。它的后面是一个指针操作数。操作结果是该地址的值。如:

```
int x(10),y(20);                        // 定义两变量,其中 x=10,y=20
int * px(&x), * py(&y);                 // 定义两个整型指针变量 px 和 py,并分别赋值为 x 和 y
                                        // 的地址
cout<< * px<<"  "<< * py<<endl;         // 依次输出 px 和 py 所指对象的值
int z= * px+ * py;                      // 定义一个整型变量 z,使它初始化为 px 所指对象与 py
                                        // 所指对象的和,其值为 30
* px+=1;                                // 把 px 所指向的地址中的值加上 1 后再赋给 px
cout<< * px<<"  "<< * py<<"  "<<z<<endl;
                                        // 依次输出 * px, * py 和 z 的值
```

例 6.3　编写用于交换两个整型变量的值的函数。

```
#include <iostream.h>
void swap(int x,int y)
{
    int temp;
    temp=x;
    x=y;
    y=temp;
}
void main()
{
```

```
    int x(2),y(3);
    cout<<"x="<<x<<",y="<<y<<endl;
    swap(x,y);
    cout<<"After exchange x & y:"<<endl;
    cout<<"x="<<x<<",y="<<y<<endl;
}
```

运行该程序后,会发现使用 swap()函数并未完成交换变量 x 和 y 的任务。程序运行到 swap()函数中时的内存分配如图 6.3 所示。由图中可以看出,主函数中声明的变量 x 和 y 与函数 swap()的参数 x 和 y 在内存中分别占有各自的存储区。它们之间唯一的联系只是在主函数中调用函数 swap()时将主函数中变量 x 和 y 的值分别传递给了函数 swap()的两个参数 x 和 y。参数 x 和 y 在函数 swap()运行期间相当于两个局部变量。因此,在 swap()执行完毕后,其形参变量 x 和 y 的值确实已被交换,如图 6.4 所示。

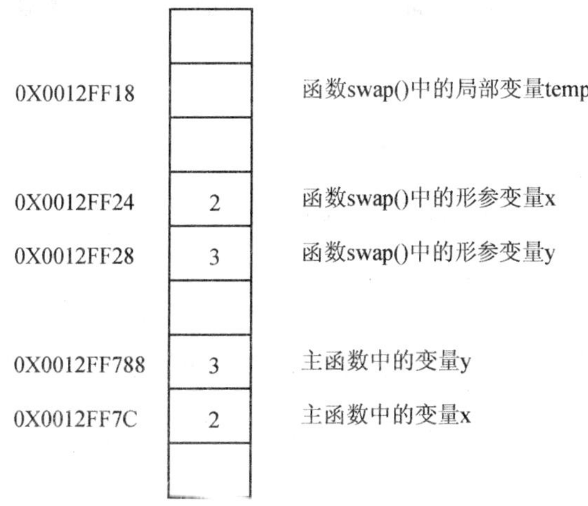

图 6.3 验证 swap()函数时的内存分配示意图

从图 6.4 中可以看出,虽然 swap()函数的两个参数变量 x 和 y 的值已被交换;但原来主函数的变量 x 和 y 却没有发生变化,而且,随着函数 swap()运行结束返回主函数后,swap()中为局部变量申请的内存空间,包括其参数 x,y 和局部变量 temp 占用的内存单元,都将被释放。

将上面程序使用指针进行更改后,程序清单如下:

```
#include <iostream.h>
void swap(int *xp,int *yp)
{
    int temp;
    temp=*xp;
    *xp=*yp;
    *y=temp;
}

void main()
```

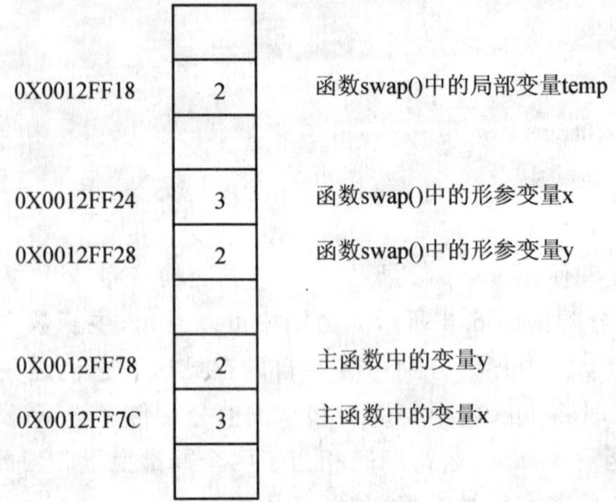

图 6.4 函数 swap()中运算结束时的内存分配示意图

```
{
    int x(2),y(3);
    cout<<"x="<<x<<",y="<<y<<endl;
    swap(&x,&y);
    cout<<"After exchange x & y:"<<endl;
    cout<<"x="<<x<<",y="<<y<<endl;
}
```

在函数 swap()中的参数变量 xp 和 yp 是两个指向整型变量的指针,因此在调用该函数时只能使用变量的地址作为实参。此时的内存分配如图 6.5 所示。

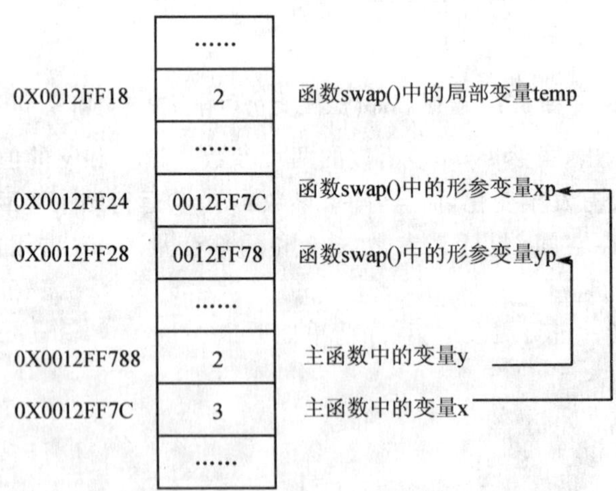

图 6.5 函数 swap()中运算结束时的内存分配示意图

例 6.4 分析下列程序的结果,分析指针加 1 与地址值加 1 的不同。

```
#include <iostream.h>
void main()
{
```

```
    int i, * pi1=&i, * pi2;
    double d, * pd1=&d, * pd2;
    pi2=pi1+1;
    pd2=pd1+1;
    cout<<pi2-pi1<<','<<pd2-pd1<<endl;
    cout<<(int)pi2-(int)pi1<<','<<(int)pd2-(int)pd1<<endl;
}
```

运行结果：

```
1,1
4,8
```

说明：该程序中，有指针定义和赋初值及赋值。程序中第一个输出语句是输出两个指针相减的值，由于是相邻指针，相减值为1。第二个输出语句是输出两个地址相减的值，一个是int型指针，另一个是double型指针，它们之差分别为一个int型数和一个double型数在内存中占的字节数。

6.3　指针与数组

指针的运算通常与数组相关，因为数组与指针在存取数据时采用统一的地址计算方法。前面章节已提出引用数组元素可以用下标法，也可以用指针法（通过指向数组元素的指针找到所需的元素）。任何能由下标完成的操作，都可以用指针来实现。使用指针法既可以节约空间也可以节约时间（占内存少，运行速度快），从而提高目标程序的质量。

6.3.1　用指针访问数组

1. 指针与一维数组

一维数组是一组具有相同数据结构的元素组成的数据集合，被存放在一片连续的内存存储单元中。对数组的访问是通过数组名（数组的起始地址）加上相对于起始地址的相对量（数组元素下标），得到要访问的数组元素的存储单元地址，然后再对数组元素的内容进行访问。

数组名为该数组在内存中的首地址，这样a[1]实际上表示从a地址向下加1后所在单元中的值，即＊(a+1)。用户所编写的源程序经编译系统编译时，若有数组元素a[i]，则将其转换成＊(a+i)，然后才能进行计算。

对于一般数组元素的形式：

例如：

```
int *p,a[8]={1,3,5,7,9,11,13,15},k;
p=a;
p++;
k=*(p+2);                    // 此时k变量的值为7
k=*p+2;                      // 此时k变量的值为5
```

设数组a在内存中位置如图6.6所示。假定a在内存中的地址为1000，数组名a即为整个数组的首地址，执行p++后，指针指向内存地址为1004的内存（在C++中，int型变量占

4个字节内存)，其实质为指向数组元素a[1]所在的内存位置，变量的值为3——取地址1004的内容即a[1]。p+2等同于a[1+2](即a[3])的地址，k=*(p+2)等同于取a[3]的内容，即a=7；而k=*p+2等同于k=a[1]+2，即k=3+2=5，两者是完全不同的。

1000	1004	1008	1012	1016	1020	1024	1028
1	3	5	7	9	11	13	15

图6.6 指针与一维数组

例6.5 分析下列程序的输出结果，分析一维数组元素的指针表示。

```
#include <iostream.h>
int a[]={1,3,5,7,9};
void main()
{
    int *p=a;
    for(int i(0);p+i<=a+4;p++,i++)
        cout<<*(p+i)<<" ";
    cout<<'\b'<<endl;
    for(p=a+4,i=0;i<5;i++)
        cout<<p[-i]<<' ';
    cout<<endl;
}
```

运行结果：

```
1 5 9
9 7 5 3 1
```

分析：

该程序中定义了一个一维数组，它是一个具有5个元素的int型数组。还定义了一个指针p。第一个for循环时，指针p指向数组首地址；第二个for循环时，指针p指向数组的最末一个元素。将数组元素用指针方式表示，或者用指针名将数组元素用下标方式表示，通过循环输出数组元素的值。值得注意的是，p[-i]等价于*(p-i)，前一种是用指针名的下标表示，而后一种为指针表示。

2. 指针与二维数组

一个二维数组可看作仅带有第一维下标的一维数组。该数组中的每一个元素又都是一个仅带有第二维下标的一维数组。这样把二维数组分解为两层一维数组后，就可以按照讨论一维数组的方法来讨论二维数组了。例如：


```
int a[M][N]                    // 定义了一个M行N列的二维数组
```

因为一个数组的数组名就是指向该数组第一个元素的指针，所以a[i]就是指向二维数组a中行下标为i元素、类型为int的一维数组的指针，即a[i]的值为a[i][0]元素的地址，类型为int的一维数组。同理，二维数组名a是指向第一个元素a[0]的指针，由于a[0]表示具有N个int型元素的一维数组，即a[0]的类型为指向由N个元素构成的整型数组的指针，即int[N]，

所以 a 的值为具有 int(*)[N]类型的值的指针。

由于二维数组名 a 的值为 int(*)[N]类型，该值增 1 就使指针后移 4*N 个字节，所以 a+i指向数组 a 的行下标为 i 的一维元素 a[i]，其指针访问方式为 *(a+i)。所以二维数组 a[M][N]中任意元素 a[i][j]可等价表示为：

(*(a+i))[j]或*(*(a+i)+j)或*(a[i]+j)

在二维数组 a[M][N]中，a，a[0]，&a[0][0]的地址值都相同，但类型不同，a 的值为 int(*)[N]类型。而 a[0]和 &a[0][0]的值均为 int *类型。a+1 则比 a 增加 4*N 个字节，而 a[0]+1 则比 a[0]只增加 4 个字节。下面将数组 a[M][N]的元素各种表示形式归纳如下：

下标表示	a[i][j]
一级指针表示	*(&a[0][0]+j+N*i)
二级指针表示	*(*(a+i)+j)
行用指针、列用下标表示	(*(a+i))[j]
行用下标、列用指针表示	*(a[i]+j)

例 6.6　分析下列程序输出结果，理解二维数组各种表示方法。

```
#include <iostream.h>
int a[2][3]={1,3,5,7,9,11};
void main()
{
    cout<<a<<','<<*a<<','<<**a<<endl;
    cout<<a[0]<<','<<&a[0]<<','<<*(a+0)<<endl;
    cout<<a[1]<<','<<a+1<<','<<*(a+1)<<endl;
    cout<<&a[1]<<','<<**(a+1)<<','<<(*(a+1))[0]<<endl;
    cout<<a[1][1]<<','<<*(*(a+1)+1)<<','<<*(a[1]+1)<<endl;
}
```

运行结果：

```
0x0042AD50,0x0042AD50,1
0x0042AD50,0x0042AD50,0x0042AD50
0x0042AD5C,0x0042AD5C,0x0042AD5C
0x0042AD5c,7,7
9,9,9
```

分析：

(1) a 是该数组的第 0 行的地址，其值为该行首列地址，即首元素地址。

*a 是该数组的第 0 行第 0 列的地址，它与 a[0]是等价的，其值为首元素地址。

a[0]可表示为*(a+0)，即与*a 是等价的，其值为首元素地址。

&a[0]可表示为 &(*(a+0))，即为 a，其值为首元素地址。

*(a+0)可表示为*a，即为首元素地址。

因此，a，*a，a[0]，&a[0]，*(a+0)的地址值是相同的，都是首元素地址。而这里，a 与 &a[0]是等价的，*a，a[0]，*(a+0)都是等价的。

(2) a[1]是该数组第 1 行第 0 列地址值。

a+1 是该数组第 1 行地址,其值为第 1 行第 0 列地址值。

*(a+1)可表示 a[1],即第 1 行第 0 列地址值。

&a[1]可表示为 &(*(a+1)),即为 a+1,其值为第 1 行第 0 列地址值。

因此,a[1],a+1,*(a+1),&a[1]的地址值是相同的,都是第 1 行第 0 列元素的地址值。而这里,a[1]和*(a+1)是等价的,a+1 和 &a[1]是等价的。

(3) **a 是该数组第 0 行第 0 列元素值,即首元素值。

**(a+1)和(*(a+1))[0]都是该数组第 1 行第 0 列的值。

a[1][1],*(*(a+1)+1)和*(a[1]+1)都是该数组第 1 行第 1 列的元素值。

3. 指针数组

指针数组是数组元素为指针的数组。指针数组的说明形式如下:

＜类型说明＞　　*＜数组名＞[＜大小＞]

一维一级字符指针数组来存放若干字符串,这样操作起来比较方便,并且比使用二维数组存放多个字符串节省内存空间。

例 6.7　编程实现:输入星期几的数字后,输出该数字对应的英文全名。例如,输入 3,则输出 Wednesday。

```
#include <iostream.h>
char *name[]={"  ","Monday","Tuesday","Wednesday","Thursday","Firday","Saturday",
"Sunday"};
void main()
{
    int week;
    while(1)
    {
        cout<<"请输入一个数字(0~7):";
        cin>>week;
        if(week<1||week>7)break;
        cout<<"Week No."<<week<<"is"<<name[week]<<endl;
    }
}
```

6.3.2　指针与字符串

指向字符串的指针叫字符指针,使用字符指针可以方便地对字符串进行处理。

字符串是存放在字符数组中的,对字符数组中的字符逐个处理时,前面介绍的指针与数组之间的关系完全适用于字符数组。通常将字符串作为一个整体来使用,用指针来处理字符串更加方便。当用指向字符串的指针来处理字符串时,并不关心存放字符串的数组大小而只关心是否已处理到字符串的结束符。

例 6.8　把一个字符串按逆序输出。

```
#include <iostream.h>
int strlen1(char a[]);
```

```
void main()
{
    char s[]="abcdefg";
    char *p;
    int n=strlen1(s);
    for(p=s+n-1;p+1!=s;p--)
        cout<<*p;
    cout<<endl;
}
int strlen1(char a[])
{
    char *p=a;
    int  i=0;
    while(a[i++]!='\0')
        p++;
    return p-a;
}
```

6.4 指针与函数

指针可以用作函数的参数和返回值,指针用作函数参数显得特别重要。在C++语言中,指针用作函数参数已被引用替代,因此,本节介绍一些指针用作函数参数和用作函数返回值的内容。

6.4.1 指向函数的指针

指向函数的指针所指向的是某个函数的内存入口地址,可以通过它来调用它所指向的函数。

指向函数指针的定义格式如下:

<类型说明符> (*<指针名>)()

例如,int(*fp)();

其中,pf是一个指向函数的指针名。该指针指向一个返回值为int型数的函数。

指向函数的指针可以被赋值或被赋初值,但需要用一个类型相同的函数名给它赋值。例如,

```
double (*p)();
p=sin;
```

其中,p是一个指向返回值为double型数的函数的指针,将函数名sin赋值给它,因此,指针p将指向sin()函数。sin()函数是math.h头文件中所包含的一个求正弦的函数,其格式如下:

```
double sin(double x);
```

其中,x是一个表示角度的弧度值。

指向函数指针的调用格式如下：

(＊<指针名>)(<实参表>)

例如：

```
double (*p)();
p=sin;
double z=(*p)(10);
```

指向函数指针通常用作函数的参数。当函数的形参是指向函数的指针时，该函数对应的实参应是函数名，从而实现通过函数调用来调用函数的功能。这是指向函数指针的主要用处。

例 6.9 分析下列程序的输出结果，并分析指向函数指针在该程序中的用法。

```
#include <iostream.h>
#include <math.h>
void main()
{
    double sin(double),cos(double),tan(double);
    void fun(double y,double (*f)(double));
    int a;
    cout<<"Input a:";
    cin>>a;
    double x=3.1415/180*a;
    cout<<"sin("<<a<<")=";
    fun(x,sin);
    cout<<"cos("<<a<<")=";
    fun(x,cos);
    cout<<"tan("<<a<<")=";
    fun(x,tan);
}
void fun(double y,double (*f)(double))
{
    cout<<(*f)(y)<<endl;
}
```

6.4.2 指针用做函数参数

由于数组名为数组的起始地址，当把数组名作为函数参数时，其作用与指针相同，均为传递地址。数组与指针作为函数参数有 4 种情况：

(1) 函数的实参为数组名，形参为数组。

(2) 函数的实参为数组名，形参为指针变量

(3) 函数的实参为指针变量，形参为数组。

(4) 函数的实参为指针变量，形参也为指针变量。

各种类型的指针都可用作函数参数，包括基本数据类型的指针、数组名、指向数组的指针、字符指针、指向指针的指针及指针数组等。

下面举一个指针数组用作函数参数的例子。

指针数组可用作主函数 main()的参数。在带有参数的 main()中,它有两个参数,一个是 int 型参数,另一个是字符指针数组,其格式如下:

```
void main(int argc,char  * arg[])
{
    // 函数体
}
```

主函数 main()的 int 型参数 argc 用来存放命令行参数的个数,实际上还包含了 1 个命令字;字符指针数组 argv 用来存放命令行中的命令字和各个参数的内容。该数组大小与 argc 大小相同,并规定 argv[0]存放命令字内容,argv[1]存放第一个参数内容,argv[2]存放第二个参数的内容……

例 6.10 编程验证主函数参数 argv 是用来存放命令行参数的内容的。

```
#include <iostream.h>
void main(int argc,char * argv[])
{
    for(int i(1);i<argc;i++)
        cout<<*(argv+i)<<"  ";
    cout<<'\n';
}
```

假定该程序编译后的文件名为 a.exe。

当执行下列命令行时:

```
c:\>a prog1.cpp prog2.cpp prog3.cpp ↙
```

输出结果如下:

```
prog1.cpp prog2.cpp prog3.cpp
```

用指针作函数形参有三点作用:

(1) 使实参与形参指针指向共同的内存空间,以达到参数双向传递的目的。

(2) 减少函数调用时数据传递的开销。

(3) 通过指向函数的指针传递函数代码的首地址。

6.4.3 返回值为指针的函数

指针函数是指函数的返回值为指针(地址)的函数。这种函数的返回值可以为不同类型的指针。它是随参数而变化的地址量,而变化的地址量就是指针变量,因此又称它们为指针型函数。它和一般的指针变量相同,可以是各种类型的指针。

指针函数的定义格式如下:

```
int * p(int x,int y);
```

该语句说明 p 是一个指针函数的函数名,它有两 int 型参数,它的返回值为 int * 型。可以看出,指针函数在定义形式上与函数指针非常相似,它们的区别在于一个有括号,一个没有括号。有括号的是函数指针,没有括号的是指针函数。

在指针函数中，使用 return 语句返回的可以是变量的地址、数组的首地址或指针变量，还可以是后面介绍的各种变量的首地址。

例 6.11 将表示月份的数值(1～12)转换对应的英文月份名称。

```
#include <iostream.h>
char *month_name(int n)
{
    char *month[]=
    {
        "Illegal month",
        "Jannary",
        "Februray",
        "March",
        "April",
        "May",
        "June",
        "July",
        "August",
        "September",
        "October",
        "November",
        "December",
    };
    return(n>=1&&n<=12)? month[n]:month[0];
}
void main()
{
    int k;
    cout<<"please input an integer:";
    cin>>k;
    char *s;
    s=month_name(k);
    cout<<s<<"\n";
}
```

说明：变量 month 是一个字符型指针数组。在需要赋初值时必须是用双引号括起来的字符串。数组中各指针变量的值分别是 13 个字符串的首地址。该数组中的第一个字符串表示输入错误月份值时的提示。

6.5 C++语言的动态存储分配

程序编译时确定变量所占内存的大小。但常常是变量的个数及其所占空间的大小在程序运行中才能确定。因此，必须有一种在程序运行中为变量分配内存的方法。这种方法称为动

态内存分配。动态存储分配要使用指针、运算符 new 和 delete。

1. new 运算符

(1) 作用:new 运算符用于申请动态分配内存空间,并将分配内存的地址赋给指针变量。

(2) 格式:使用 new 为指针变量动态分配内存空间的语句格式:

＜指针＞＝new＜类型＞;

或者

＜指针＞＝new＜类型＞(＜初值＞);

new 运算符从堆(管理内存中的空闲存储块)中分配一块与＜类型＞相适应的存储空间。如果分配成功,将其首地址存入＜指针＞,否则置＜指针＞的值为 NULL。＜初值＞用于为分配好的变量置初值。

new 运算符也可以为数组分配存储空间。语句格式为:

＜指针＞＝new＜类型＞[＜元素数＞];

2. delete 运算符

(1) 作用:delete 运算符用于释放先前申请到的存储块,并将其归还到堆中。

(2) 格式:

delete ＜指针＞;

其中,＜指针＞中应为先前分配的存储块的地址。

若要释放数组的空间,必须在操作符 delete 和指向数组的指针之间放一个空的方括号[]。例如:

```
int  *p=new int[size];
…
delete []p;
```

动态存储分配的变量和数组通过指针来访问。例如:

```
int  *ptr=new int(5);
x= *ptr;
```

说明:

(1)用 new 运算符为数组分配内存是地址,不能进行初始化赋值。

(2)用 new 分配内存后,若指针变量值为 0,则表示分配失败。此时应终止程序执行。

(3)用 new 分配内存空间的指针必须保存起来,以便用 delete 归还内存。否则会出现不可预测的后果。

习题六

一、选择题

1. 已知 int *p,a;,则语句 p=&a;中的运算符“&”的含义是(　　)。

A. 逻辑与运算　　B. 位与运算　　C. 取指针内容　　D. 取变量地址

2. 对于类型相同的指针变量,不能进行运算(　　)。

A. +　　B. —　　C. =　　D. = =

3. 设指针 x 指向的整型变量值为 28，则 cout<<++*x;的输出是（　）。

A. 27　　B. 28　　C. 29　　D. 30

4. 若已定义 a 为 int 型变量，则对 p 的说明和初始化正确的是（　）。

A. int *p=a;　　B. int p=a;　　C. int *p=*a;　　D. int *p=&a;

5. 设有如下定义，则指针 s 所指的字符串的长度为（　）。

Char *s="\t\'Name\\Address\n";

A. 19　　B. 18　　C. 15　　D. 17

6. 若有说明：int i,j=7,*p=&i;，则与 i=j;等价的语句是（　）。

A. i=*p;　　B. *p=*&j;　　C. i=&j;　　D. i=*p;

7. 在 int a=3,*p=&a;中，*p 的值是（　）。

A. 变量 a 的地址值；　　B. 无意义；

C. 变量 p 的地址值；　　D. 3

8. 对于 int *pa[5];的描述，（　）是正确的。

A. pa 是一个指向数组的指针，所指向的数组是 5 个 int 型元素；

B. pa 是一个指向某数组中第 5 个元素的指针，该元素是 int 型变量；

C. pa[5]表示某个数组的第 5 个元素的值；

D. pa 是一个具有 5 个元素的指针数组，每个元素是一个 int 型指针。

9. 下列关于指针的运算中，（　）是非法的。

A. 两个指针在一定条件下，可以进行相等或不等的运算；

B. 可以用一个空指针赋值给某个指针；

C. 一个指针可以加上两个整数之差；

D. 两个指针在一定条件下，可以相加。

10. 指针可以用来表示数组元素，下列表示中（　）是错误的。

已知：int a[3][7];

A. *(a+1)[5];　　B. *(*a+3);

C. *(*(a+1));　　D. *(&a[0][0]+2)

11. 说明语句 int (*p)();的含义是（　）。

A. p 是一个指向一维数组的指针变量；

B. p 是指针变量，指向一个整型变量；

C. p 是一个函数指针，该函数的返回值是一个整数；

D. 以上都不对。

12. 已知下列选项中不是 C++语言 main 函数正确表达形式的是（　）。

A. main (int argc,char *argv[])　　B. int ac;char *av;main(ac,av)

C. int c;char *v[];main(c,v)　　D. int argc;char argv[];main(argc,argv)

13. 已知：int a,*pa;char c,*pc;，下列赋值中（　）是合法的。

A. pa=&c　　B. pa=a　　C. pa=pc　　D. pa=(int *)&c

14. 已知：int b[3][4],*q[3];，下列赋值表达式中（　）是正确的。

A. q=b　　B. q=*b　　C. q=*(b+1)　　D. q=&b[1][2]

15. 已知：int a,*pa=&a;，则 &*pa 与（　）相同。

A. pa　　B. a　　C. &a　　D. &pa[0]

二、读程序题

1.

```
#include <iostream.h>
void main()
{
    int x[6]={1,3,5,7,9,11},*k,**s;
    k=x;
    s=&k;
    cout<<*(k++)<<","<<**s<<endl;
}
```

2.

```
#include <iostream.h>
void main()
{
    int **x,*y,z=10;
    y=&z;
    x=&y;
    cout<<**x+1<<endl;
}
```

3.

```
#include <iostream.h>
void main()
{
    int m[5],n[5],*px,*py,k;
    px=m;
    py=n;
    for(k=1;k<4;k++,px++,py++)
    {
        *px=k;
        *py=2*k;
        cout<<m[k-1]<<" "<<n[k-1]<<endl;
    }
    px=&m[1];
    py=&n[1];
    for(k=1;k<3;k++)
    {
        *px=k;
        *py=2*k;
        cout<<*px++<<" "<<*py++<<endl;
```

```
    }
}
```

4.

```
#include <iostream.h>
int n[][3]={10,20,30,40,50,60};
void main()
{
    int (*p)[3];
    p=n;
    cout<<p[0][0]<<","<<*(p[0]+1)<<","<<(*p)[2]<<endl;
}
```

5.

```
#include <iostream.h>
void main()
{
    int  j;
    int  m[3][2]={10,20,30,40,50,60};
    int (*p)[2]=m;
    for(j=0;j<2;j++)
    cout<<*(*(p+2-j)+j)<<endl;
}
```

6.

```
#include <iostream.h>
int x[]={5,4,3,2,1};
void main()
{
    int i,*p,m=0;
    for(p=x,i=1;p+i<=x+4;i++)
    {
        cout<<*(p+i);
        for(i=0;i<4;i++)
        {
            m+=p[i];
            cout<<"\t"<<m;
        }
    }
}
```

7.

```
#include <iostream.h>
```

```
char * x[]={"First","Second","Third"};
void f(char * k[])
{
    cout<<* ++k<<endl;
}
void main()
{
    char * * y;
    y=x;
    f(y);
}
```

8.

```
#include <iostream.h>
void main()
{
    void fun(int,int &);
    int a,b;
    fun(5,a);
    fun(8,b);
    cout<<"a+b="<<a+b<<endl;
}
void fun(int i,int &j)
{
    j=i * 3;
}
```

9.

```
#include <iostream.h>
void main()
{
    static int a[10]={12,10,9,6,5,4,2,1};
    int n(7),i(7),x(3);
    while(x> * (a+i))
    {
        * (a+i+1)= * (a+i);
        i--;
    }
    * (a+i+1)=x;
    for(i=0;i<=n+1;i++)
        cout<< * (a+i)<<',';
    cout<<endl;
}
```

10.

```
#include <iostream.h>
double sum(double( * g1)(double,double),double( * g2)(double,double))
{
    double a=4.8;
    double b=5.7;
    double c=( * g1)(a,b)+( * g2)(a,b);
    return c;
}
double g1(double x,double y)
{
    return x+y;
}
double g2(double x,double y)
{
    return x * y;
}
void main()
{
    double   g1(double,double),g2(double,double);
    double sum(double ( * g1)(double,double),double( * g2)(double,double));
    cout<<"sum="<<sum(g1,g2)<<endl;
}
```

三、编程题

1. 利用指针实现将字符数组 str2 中的全部字符复制到字符数组 str1 中，不使用 strcpy 函数。复制时，'\0'后面的字符不复制。

2. 利用指针实现两个整数的交换函数。

3. 利用指针编写冒泡法进行排序的函数。

第 7 章 类和对象的基础

从本章开始将讲述面向对象程序设计。类是面向对象程序设计的核心，也是面向对象程序设计的基础。它实际上是一种新的数据类型，是实现抽象类型的工具。本章主要介绍类和对象的定义以及对象的初始化和赋值等。这些是面向对象程序设计语言中最基础的部分。在此基础上讲述成员函数、友元以及类的作用域和对象的生存期等内容。这些是对类和对象的进一步分析和补充，加深对类和对象的理解，以利于类和对象的操作。

7.1 类与对象的定义

类是通过抽象数据类型的方法来实现的一种数据类型。类是对某一类对象的抽象；而对象是某一种类的实例。因此，类和对象是密切相关的，没有脱离对象的类，也没有不依赖于类的对象。

7.1.1 类的定义

类是一种复杂的数据类型。它是将不同类型的数据和与这些数据相关的操作封装在一起的集合体。类具有更高的抽象性，类中的数据具有隐藏性，类还具有封装性。

类的结构是用来确定一类对象的行为，而这些行为是通过类的内部数据结构和相关的操作来确定的。这些行为是通过一种操作接口来描述的，即类的成员函数，使用者只关心的是接口的功能，即类的各个成员函数的功能，对它是如何实现的并不感兴趣。而操作接口又被称为这类对象向其他对象所提供的服务。

类的定义格式一般分为说明部分和实现部分。说明部分是用来说明该类中的成员，包含数据成员的说明和成员函数的说明。成员函数是用来对数据成员进行操作的，又称为“方法”。实现部分是用来对成员函数的定义。概括来说，说明部分将告诉使用者“干什么”，而实现部分是告诉使用者“怎么干”。

类的一般定义格式如下：

```
class <类名>
{
  public:
<公有数据成员和成员函数的说明或实现>
  private:
<私有数据成员和成员函数的说明或实现>
  protected:
   <保护数据成员和成员函数的说明或实现>
};       <各个成员函数的实现>
```

类定义是以关键字 class 开始，<类名>是有效的 C++标识符。该标识符通常以 T 字母开头，以示与对象和函数名区别。花括号内是类的说明部分，说明该类的成员。类的成员包含数据成员和成员函数两部分。花括号“{}”之间的内容称为类体。每一个成员都具有一定的存取权限，或者称存取属性、访问权限、访问属性。从访问权限上来分，类的成员又分为：公有的(public)、私有的(private)和保护的(protected)三类。

public：公用(公有，公共)访问属性，成员可以被任意函数所访问。

private：私有访问属性，成员只能为该类的成员函数所访问，此属性为缺省属性。

protected：保护访问属性，成员只能为该类成员函数以及该类的派生类中的成员函数访问。

类中的数据成员一般定义为私有，这样只允许该类的成员函数访问，不允许该类以外的任何函数访问，从而使类对象中的数据得到隐藏和保护。

成员函数由说明和实现两个部分构成。其中说明部分必须以函数原形的形式在类体内说明，而实现部分则放在类体外定义。如果一个成员函数在类体内定义了，实现部分将不出现。如果所有的成员函数都在类体内定义，则实现部分可以省略。

下面是一个关于坐标点类定义的例子：

```
class TPoint
{
  public:
    void Setxy(int a, int b);           // 说明在类体内，定义在类体外
    void Move(int,int);                 // 函数原型声明，参数名可给可不给出
    void Print();
    int Getx();
    int Gety();
  private:
    int x,y;                            // 数据成员
};
void TPoint::Setxy(int a, int b)
{
  x=a; y=b;
}
void TPoint:move(int a,int b)
{
  x=x+a;y=y+b;
}
void TPoint::Print();
{
  cout<<"x=" <<Getx()<<"y="<<Gety();
}
int TPoint::Getx()
{
  return x;
```

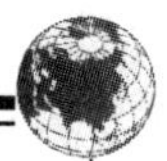

```
}
int TPoint::Gety()
{
return y;
}
```

在该类定义中，数据成员 x 和 y 是私有成员，成员函数 Setxy()，Move()，Print()，Getx()，Gety()都是公有成员，类体内只对成员函数进行原型说明，成员函数的实现部分写在类体外。成员函数 Setxy()是给对象的数据成员赋值的，成员函数 Move()是用来改变某个坐标点的值的，成员函数 Print()是用来显示某个点坐标值的，成员函数 Getx()和 Gety()是用来返回数据成员 x 和 y 的值。

在类体外定义成员函数的一般格式为：

```
<函数类型> <类名>::<成员函数>(<参数表>)
{
<函数体>
}
```

其中，作用域运算符"::"是用来标识成员函数是属于哪个类的，<类名>是成员函数所属类的名字。

该类还可以将说明部分和实现部分都在类体内定义，形式如下：

```
class TPoint                          // 类名
{
  public:                             // 声明其后为公有成员
    void Setxy(int a, int b)
      { x=a; y=b;}
    void Move(int a,int b)
     {x=x+a;y=y+b;}
    void Print()
     {cout<<"x=" <<Getx()<<"y="<<Gety();}
    int Getx()
     { return x;}
    int Gety()
     { return y;}
  private:
     int x,y;                         // 数据成员
};
```

经常习惯地将类定义的说明部分或者整个定义部分(包含实现部分)放到一个头文件中。如果将定义的 TPoint 类放到一个头文件 tpoint.h 中，在后续程序中如用到该类可以直接调用头文件 tpoint.h，不用再重复书写这个类了。

7.1.2　对象的定义

类是对某一对象的抽象；而对象又是某一种类的实例。任何一个对象都是属于某个已知

类的。因此，定义对象之前，一定要先定义好该对象的类。下面简单地介绍对象的定义。

对象在确定了该类以后，其定义格式如下：

＜类名＞ ＜对象名表＞

＜类名＞是定义对象所属类的名字，即所定义的对象是该类的对象。＜对象名表＞中可以有一个或多个对象名，有多个对象名时用逗号分隔。＜对象名表＞中，可以是一般的对象名，还可以是指向对象的指针名或引用名，也可以是对象数组名。如：

```
TPoint p1,p2;             // 定义 TPoint 类型的对象 p1 和 p2
TPoint *p=&p1;            // 定义指向对象 p1 的 TPoint 类型的指针 p
TPoint &c=p2;             // 定义 c 为 TPoint 类型对象 p2 的引用
TPoint m[5];              // 定义一个 TPoint 类型的对象数组，数组的每个元素是
                          // TPoint 类的一个对象。
```

一旦定义了对象，就可以使用对象对其成员进行访问了。一个对象的成员就是该对象的类所定义的成员。对象成员有数据成员和成员函数，其表示格式如下：

＜对象名＞.＜成员名＞

＜对象名＞.＜成员名＞(＜参数表＞)

前者用来表示数据成员，后者用来表示成员函数。如：对象 p1 的数据成员和成员函数的表示为：

p1.x,p1.y,p1.Setxy(int a, int b)

这里“.”是一个运算符。该运算符的功能是表示对象的成员。

指向对象的指针的成员格式表示如下：

＜对象指针名＞－＞＜成员名＞或者(*＜对象指针名＞).＜成员名＞

＜对象指针名＞－＞＜成员名＞(＜参数表＞)或者(*＜对象指针名＞).＜成员名＞(＜参数表＞)

这里的“－＞”是一个表示成员的运算符，它与前面讲过的“.”运算符的区别是“－＞”用来表示指向对象指针的成员，而“.”用来表示一般对象的成员。同样，前者表示数据成员，而后者表示成员函数。如指向对象指针 p 的成员和成员函数的表示：

p－＞x,p－＞y,p－＞Getxy(int a,int b)

或者

(*p).x, (*p).y, (*p).Getxy(int a,int b)

另外，引用对象的成员表示与一般对象的成员表示相同。如对象引用 c 的成员和成员函数的表示：c－＞x,c－＞y,c－＞Getxy(int a,int b)

由同一个类所创建的多个对象的数据结构是相同的。但由于对象的名字是不同的，系统对已定义的对象，都会给它们的数据成员变量分配存储空间。因此，不同对象的数据成员可以存储不同的值。类中的成员函数是共享的，即同一个类的不同对象可以共享类的成员函数。

例 7.1 对象的定义和成员函数的调用。

```
#include<iostream.h>
#include "Tpoint.h"
void main()
{
```

```
    TPoint p1,p2;
    TPoint *p=&p1;
    p1.Setxy(1,2);
    cout<<"x="<<p1.Getx()<<"y="<<p1.Gety()<<endl;
    p2.Setxy(3,4);
    cout<<"x="<<p2.Getx()<<"y="<<p2.Gety()<<endl;
    p->Setxy(5,6);                  //或(*p).Setxy(5,6)
    cout<<"x="<<p->Getx()<<"y="<<p->Gety()<<endl;
    p1.Move(1,2);
    p2.Move(3,4);
    (*p).Move(5,6);                 //或p->Move(5,6);
    p1.Print();
    p2.Print();
    p->Print();
}
```

该程序的运行结果为

```
x=1y=2
x=3y=4
x=5y=6
x=11y=14
x=6y=8
x=11y=14
```

该程序中定义了 TPoint 类的两个对象 p1 和 p2，一个指向对象的指针 p，通过调用 TPoint 类的成员函数即获的上述结果。

7.2　对象的初始化

定义一个对象时，对象的数据成员取值是不确定的，因为大部数据成员定义为私有的，只有成员函数或友元函数才能访问它们。因此，除了前面讲述的通过定义成员函数的方法给对象的数据成员赋值外，还可以用构造函数、拷贝构造函数或缺省构造函数和缺省参数对对象进行初始化。

7.2.1　构造函数

构造函数是一个特殊的成员函数，是名称与类名称相同的成员函数。构造函数不能有返回值，不能有 return 语句。当一个对象被建立时，程序就会自动调用这个类的构造函数为这个对象进行初始化。

例 7.2　构造函数的定义举例。

```
#include <iostream>
using namespace std;
class Tpoint
```

```
{
  public:
    Tpoint(int m,int n){x=m;y=n;}  // 定义构造函数
    int Getx(){return x;}
    int Gety(){return y;}
  private:
    int x,y;
};
void main()
{
  Tpoint a(10,20);
  Tpoint b(15,25);
  cout<<a.Getx()<<","<<a.Gety()<<endl;
  cout<<b.Getx()<<","<<b.Gety()<<endl;
}
```

该程序的运行结果如下：

```
10,20
15,25
```

在该程序中，构造函数为 Tpoint(int m,int n)，通过自动调用该构造函数，对所定义的两个对象 a 和 b 进行了初始化，即构造函数被调用了两次，分别给对象 a 和 b 赋值。

说明：

(1) 若没有提供任何构造函数，那么 C++自动提供一个缺省的构造函数。该缺省构造函数是一个没有参数的构造函数。它仅仅负责创建对象而不做任何赋值操作。

(2) 只要类中提供了任意一个构造函数，那么 C++就不再自动提供缺省构造函数。

(3) 没有构造函数就不能创建对象。在创建对象时系统自动调用构造函数。

(4) 构造函数是成员函数，函数体可写在类体内，也可以写在类体外。

(5) 构造函数可以重载，定义时既可以没有参数，也可以有一个或多个参数。

7.2.2 析构函数

一个类需要在构造函数内动态分配资源。这些动态开辟的资源就需要在对象不复存在之前被释放，C++类的析构函数就提供了这个方便。

析构函数与构造函数最主要区别就在于调用期不同，析构函数的特性是在程序结束的时候逐一调用，与构造函数的情况是相反的，属于互逆特性，所以定义析构函数使用“~”符号(逻辑非运算符)，表示它为逆构造函数，加上类名称来定义。

析构函数的定义格式如下：

<类名>::~<析构函数名>
{<函数体>}

例 7.3 构造函数和析构函数举例。

```
#include <iostream>
```

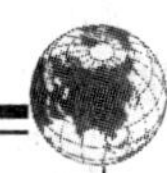

```
using namespace std;
class Tpoint
{
public:
    Tpoint(int m,int n){x=m;y=n;}                    // 定义构造函数
    ~Tpoint();
    int Getx(){return x;}
    int Gety(){return y;}
private:
    int x,y;
};
Tpoint::~Tpoint()
    {cout<<"Destructor called.\n";}
void main()
{
  Tpoint a(10,20);
  Tpoint b(15,25);
  cout<<a.Getx()<<","<<a.Gety()<<endl;
  cout<<b.Getx()<<","<<b.Gety()<<endl;
}
```

该程序的运行结果如下：

```
10,20
15,25
Destructor called.
Destructor called.
```

根据运行结果，析构函数在程序结束前被自动调用了两次，因此输出两串“Destructor called.”，并分别释放了对象 a 和 b。

说明：

(1) 析构函数也是特殊的类成员函数，它没有返回类型，没有参数，不能随意调用，也没有重载。

(2) 一个类中只能定义一个析构函数。

(3) 在类对象的生命期结束的时候，由系统自动调用析构函数释放该对象。当一个对象使用 new 运算符动态创建，且使用 delete 运算符释放它时，delete 将会自动调用析构函数。

(4) 一个类中如果没有自定义析构函数，系统自动生成一个缺省析构函数，来释放所定义的对象。该函数是一个空函数，即没有函数体。

7.2.3　复制构造函数

复制构造函数是一种特殊的成员函数。其功能是用一个已经初始化过了的对象去初始化另一个新创建的对象。复制构造函数也是一种构造函数，其名称与类名称一致，函数的形式参数是本类型的一个引用变量，且只有一个参数。在初始化新对象时被自动调用。如果没有自定义复制构造函数的时候,系统将会提供给一个默认的复制构造函数来完成这个过程。

复制构造函数的定义格式如下:

<类名>::<复制构造函数名>(<类名>&<引用名>)

{<函数体>}

例 7.4 调用复制构造函数的例子。

```
#include <iostream>
using namespace std;
class Tpoint
{
    public:
     Tpoint(int m,int n);                    // 定义构造函数
     ~Tpoint();                              // 定义析构函数
     Tpoint (Tpoint &r);                     // 定义复制构造函数
     int Getx(){return x;}
     int Gety(){return y;}
private:
    int x,y;
};
Tpoint::Tpoint(int m,int n)
{
  cout<<"Call constructor. \n";
  x=m;y=n;
}
Tpoint::Tpoint(Tpoint &r)
{
    cout<<"Copy constructor. \n";
    x=r. x;
    y=r. y;
}
Tpoint::~Tpoint()
{
    cout<<"Destructor called. \n";
}
void main()
{
  Tpoint a(10,20);
  Tpoint b(15,25);
  Tpoint c(a);
  cout<<a. Getx()<<","<<a. Gety()<<endl;
  cout<<b. Getx()<<","<<b. Gety()<<endl;
  cout<<c. Gctx()<<","<<c. Gety()<<endl;
}
```

该程序的运行结果为：

```
Call constructor.
Call constructor.
Copy constructor.
10,20
15,25
10,20
Destructor called.
Destructor called.
Destructor called.
```

在本程序中，语句 Tpoint c(a)；调用了复制构造函数，即创建对象 c 时调用复制构造函数，对象 a 作函数参数，此时复制构造函数中引用 r 为对象 a 的别名，在函数体内，将 r 的数据成员值赋给对象 c 的相应成员。所以对象 a 和 c 的数据成员值是一样的。

如将上述程序中的语句 Tpoint c(a)；改为 Tpoint c(a)，d＝b；则在此程序中又创建一个对象 d，并用赋值的形式对该对象进行初始化。因此也需要调用一次复制构造函数，对象 b 和 d 的数据成员值也是一样的。读者自己验证该程序。

7.3　成员函数的特性

成员函数是在类的定义中说明的函数。它是根据某种类的功能需要来定义的。构造函数、析构函数、复制构造函数等都属于特殊的成员函数。成员函数除了说明和定义之外，还有一些相关的特性，下面将专门进行介绍。

7.3.1　内联函数和外联函数

类的成员函数可以分为内联函数和外联函数。内联函数是指那些定义在类体内的成员函数，即该函数的函数体放在类体内。而说明在类体内，定义在类体外的成员函数叫外联函数。外联函数的函数体在类的实现部分。

内联函数具有一般函数的特性。它与一般函数所不同之处在于函数调用的处理。一般函数进行调用时，要将程序执行权转到被调用函数中，然后再返回到调用它的函数中；而内联函数在调用时，是将调用表达式用内联函数体来替换。这样将会节省调用开销，提高运行速度。但是由于在编译时将函数体中的代码被替代到程序中，因此会增加目标程序代码量，进而增加空间开销，而在时间开销上不像函数调用时那么大，可见它是以目标代码的增加为代价来换取时间的节省。

外联函数变成内联函数的方法很简单，只要在实现部分的函数头前面加上关键字 inline 就可以了。

如：

```
inline void show(){cout<<"I am student.";}
int main(){show();return 0;}
```

main 函数就等价于

```
int main(){cout<<" I am student."; return 0;}
```

在程序中，调用内联函数时，该函数在编译时被替代，而不是像一般函数那样是在运行时被调用。

例 7.5 内联函数与外联函数实例。

```
#include <iostream>
using namespace std;
class A
{
 public:
    A(int m,int n)                            // 内联函数，定义在类体内
      {x=m;y=n;}
    int Getx(){return x;}                     // 内联函数，定义在类体内
    int Gety(){return y;}                     // 内联函数，定义在类体内
    int sumxy();                              // 内联函数，定义在类体外，但进行了转化
    int area();                               // 外联函数，定义在类体外
 private:
    int x,y;
};
inline int A::sumxy()                         // 由外联函数转化为内联函数
{
   return Getx()+Gety();
}
int A::area()
{
   return Getx() * Gety();
}
void main()
{
  A s(10,20);
  cout<<"sum="<<s.sumxy()<<","<<"area="<<s.area()<<endl;
}
```

在该程序中，直接定义了 3 个内联函数，又使用 inline 定义了一个内联函数。

在使用内联函数时，应注意以下几点：

(1) 在内联函数内不允许用循环语句和开关语句。

(2) 内联函数的定义必须出现在内联函数第一次被调用之前。

(3) 内联函数无法进行递归调用。

7.3.2 成员函数重载

在前面介绍的成员函数中，除了析构函数不能重载外，其他的成员函数都可以进行重载。但重载必须满足以下条件之一：

(1) 参数个数不同。

(2) 参数类型不同。

(3) 当参数个数相同时,参数类型至少有一个不同。

仅有返回值不同的函数是不能重载的。

例 7.6　成员函数重载实例。

```
#include<iostream>
using namespace std;
class B
{
  public:
    B(int a){x=a+1;y=a;}
    B(int a,int b){x=a;y=b;}
    int add();
    int add(int a);
    int add(int a,int b);
    int Getx(){return x;}
    int Gety(){return y;}
  private:
    int x,y;
};
int B::add()
{
  return x+y;
}
int B::add(int a)
{
  x=y=a;
  return x+y;
}
int B::add(int a,int b)
{
  x=a;
  y=b;
  return x+y;
}
void main()
{
  B m(5,7),n(6);
  cout<<"m="<<m.Getx()<<","<<m.Gety()<<endl;
  cout<<"n="<<n.Getx()<<","<<n.Gety()<<endl;
  int i=m.add();
  int j=m.add(1,2);
```

```
  int k=n.add(4);
  cout<<i<<endl<<j<<endl<<k<<endl;
}
```

该程序的运行结果为：

```
m=5,7
n=7,6
12
3
8
```

该程序中，定义两种重载函数：一种是构造函数的重载；一种是普通成员函数的重载。两种重载的区别是参数个数的不同。

7.3.3 设置参数的默认值

成员函数和普通函数一样，可以设置参数的默认值。一般的成员函数和构造函数都可以被设置参数的默认值。

例 7.7 设置默认参数应用举例。

```
#include<iostream>
using namespace std;
class B
{
  public:
    B(int a=10,int b=20,int c=30);
    int Getx(){return x;}
    int Gety(){return y;}
    int Getz(){return z;}
  private:
    int x,y,z;
};
B::B(int a,int b,int c)
{
  x=a;y=b;z=c;
}
void main()
{
  B i,j(1),k(1,2),r(1,2,3);
  cout<<"i="<<i.Getx()<<" "<<i.Gety()<<" "<<i.Getz()<<endl;
  cout<<"j="<<j.Getx()<<" "<<j.Gety()<<" "<<j.Getz()<<endl;
  cout<<"k="<<k.Getx()<<" "<<k.Gety()<<" "<<k.Getz()<<endl;
  cout<<"r="<<r.Getx()<<" "<<r.Gety()<<" "<<r.Getz()<<endl;
}
```

该程序的运行结果为：

```
i=10 20 30
j=1 20 30
k=1 2 30
r=1 2 3
```

在该程序的主函数中，分别创建了 4 个对象 i,j,k,r,其中 i 对象没有给定实参值,所以 i 对象利用缺省的初始值进行初始化。j 对象给定了一个实参值,后两个参数使用缺省值。k 对象给定了两个实参值,后一个参数使用缺省值。r 对象给定了三个实参值,默认值没有使用。

7.4　静态成员

如果有时需要为某类的多个对象分配一个单一的存储单元,即实现多个对象数据共享,可以把类的成员定义为静态成员。声明为 static 的类数据成员或者成员函数便能在类的范围内共享,这样的成员称为静态数据成员和静态成员函数。

7.4.1　静态数据成员

静态数据成员作为类的一种成员,它被所有对象共享,而不是属于某个对象的。在存储上只需要存储一处,就可以供所有对象使用,因此可以节省内存。静态成员由于是共用的,它的值对每个对象都是一样的,静态数据成员的值可以被更新。只要对静态成员的值更新一次,所有对象的该静态成员的值都被更新,并且值是相同的,这样可以提高效率。因此,静态数据成员不属于对象,只属于类,不随对象的建立而建立,也不随对象的撤销而释放内存空间。自己独立开辟一块空间,为每个类对象所共同拥有。

例 7.8　静态数据成员定义。

```
#include <iostream>
using namespace std;
class time
{
 public:
    time(int,int);
    void display();
 private:
    static int hour;                    // hour 是一个静态数据成员。它的初始化只能在类外进行初
                                        // 始化。
    int minute;
    int second;
};
time::time(int m,int s):minute(m),second(s){};
int time::hour=15;
void time::display()
{
```

```
    cout<<hour<<":"<<minute<<":"<<second<<endl;
}
void main()
{
    time t1(06,20),t2(10,30);
    t1.display();
    t2.display();
}
```

该程序的运行结果为：

```
15:6:20
15:10:30
```

从该程序中的运行结果中可以看出，对象t1和t2的hour值是相等的。这是因为hour是静态数据成员，为对象t1和t2所共享，因为hour的值被存储在一个公用的内存中，为所有的hour类对象所共同拥有。

说明：

(1) 静态数据成员的初始化应在类体外进行。其格式如下：

<数据类型><类名>::<静态数据成员名>=<初值>

在数据成员前不加static，而应使用作用域运算符来表明所属类。

(2) 在程序中如果静态数据成员的访问权限为公有(public)成员，则可按如下格式引用：

<类名>::<静态成员名>　　　// 前面直接用类名

(3) 静态数据成员被存放在静态存储区。

7.4.2 静态成员函数

在静态成员函数的实现中，可以直接引用静态成员，但不能直接引用非静态成员。如果要引用非静态成员时，可通过对象来引用。

对静态成员函数的引用，在程序中一般使用下列格式：

类名.静态成员函数(参数表)

有时，也可以由对象来引用，格式如下：

对象.静态成员函数(参数表)

例7.9 静态成员函数对非静态成员的引用。

```
#include<iostream.h>
class test
{
 public:
    test(int a){A=a;B+=a;}
    static void f(test m);              // 静态公有成员函数声明
 private:
    int A;
    static int B;                       // 静态私有成员
```

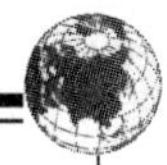

```
};
int test::B=0;                      // 静态成员初始化
void test::f(test m)
{
    cout<<"A="<<m.A<<endl;   // 引用类的非静态成员,用对象引用
    cout<<"B="<<B<<endl;     // 引用类的静态成员,直接引用
}
void main()
{
    test X(10),Y(20);
    test::f(X);                     // 调用静态成员函数
    test::f(Y);                     // 调用静态成员函数
}
```

请读者自行分析该程序。

7.5 友　元

通常对于普通函数来说,要访问类的私有成员是不可能的。如果想这么做那么必须把类的成员都定义成为 public(公用的)。然而,这样带来的问题便是任何外部函数都可以毫无约束的访问、操作类的这些成员,这就使这些成员失去了保护。为了解决这一问题,在 C++中,利用 friend(友元)修饰符,可以让一些设定的函数能够对这些保护数据进行操作,避免把类成员全部设置成 public,最大限度地保护数据成员的安全。友元能够使得普通函数直接访问类的保护数据,避免了类成员函数的频繁调用,可以节约处理器开销,提高程序的效率,但所矛盾的是,即使是最大限度的保护,同样也破坏了类的封装特性,这即是友元的缺点,现在 CPU 速度越来越快,因此,并不推荐使用它,但它作为 C++一个必要的知识点,一个完整的组成部分,还是需要讨论一下的。在类里,如果某函数前加上 friend 修饰,那么这个函数就成了该类的友元函数,可以访问该类的一切成员。如果某个类前加上 friend 修饰,这个类就成了友元类。

7.5.1 友元函数

将一个函数说明为一个类的友元函数,则该函数可以访问此类的私有数据和方法。定义方法是在类的定义中,在函数名前加上关键字 friend。下面来看一段代码,看看如何利用友元来访问类的一切成员。

例 7.10　友元函数与普通函数。

1.

```
#include<iostream>
using namespace std;
class Student
{
  private:
```

```
  int x;
  friend void getf(Student& s);           // 在类中声明友元函数 getf()
};
void getf(Student& s)                     // 定义友元函数
{
  s.x=10;                                 // 友元函数通过对象引用类的私有成员
  cout<<s.x<<endl;
}
void main()
{
  Student s;
  getf(s);                                // 调用该友元函数
}
```

该程序运行结果：10

2.

```
#include<iostream>
using namespace std;
class Student
{
 private:
  int x;
 public:
   void get()                             // 成员函数
  {
    x=20;
     cout<<x<<endl;
  }
};
void main()
{
 Student s;
 s.get();
}
```

运行结果：20

通过上面两个程序的比较可知，如果需要普通函数访问类中数据成员，可以将该函数在类中声明为友元函数。这样，该函数可直接访问类的 private 数据成员。如果不使用友元函数，则可以通过普通函数调用成员函数，间接达到修改数据成员的目的。

注意：成员函数具有访问一切数据成员的能力。

7.5.2 友元类

整个类也可以是另一个类的友元，该友元称作为友元类。友元类的所有成员函数都是另

一个类的友元函数,友元类的每个成员函数都可以访问另一个类的所有成员。都可以访问另一个类中的隐藏信息(包括私有成员和保护成员)。当希望一个类可以存取另一个类的私有成员时,可以将该类声明为另一类的友元类。

定义友元类的语句格式如下:

friend class　<类名>;

其中:friend 和 class 是关键字,类名必须是程序中的一个已定义过的类。

例 7.11　友元类实例。

```
#include <iostream>
using namespace std;
class X;
class Y
{
      public:
      Y()
      {
        strcpy(cname,"计算机语言");
      }
      void print()
      {cout<<cname<<endl;}
friend class X;                              // 友元类的声明
      private:
      char cname[30];
};
class X
{
 public:
      X(char * na,char * ena)
      {
          strcpy(X::name,na);
          strcpy(X::ename,ena);
      }
      void Editcname(Y &temp);
      void print()
      {
          cout<<name<<endl;
          cout<<ename<<endl;
      }
 private:
      char name[20];
      char ename[30];
};
void X::Editcname(Y &temp)
```

```
{
    strcpy(temp.cname,"计算机高级语言");
}
void main()
{
    X a("C++语言程序设计","The C++ Programming Language.");
    Y b;
    a.Editcname(b);
    a.print();
    b.print();
}
```

运行结果为：

C++语言程序设计

The C++ Programming Language.

计算机高级语言

在该程序中,X 类是 Y 类的友元类,因此,在 X 类中成员函数 Editcname(Y &temp),引用了 Y 类的私有成员 cname,改变它的值。这种情况只有友元类才可以。

使用友元类时注意：

(1) 友元关系不能被继承。

(2) 友元关系是单向的,不具有交换性。若类 B 是类 A 的友元,类 A 不一定是类 B 的友元,要看在类中是否有相应的声明。

(3) 友元关系不具有传递性。若类 B 是类 A 的友元,类 C 是 B 的友元,类 C 不一定是类 A 的友元,同样要看类中是否有相应的声明。

7.6 类的作用域与对象的生存期

7.6.1 类的作用域

类的作用域简称类域。它是指类的定义和相应成员函数的定义范围。一个类的所有成员都位于这个范围之内。一个类的任何成员都能访问同一类的任一其他成员。

对类的作用域外的一个类的数据成员和成员函数的访问受到程序员的控制。为了把一个类的数据结构封装起来,从而使得在类的成员函数之外对类的数据进行访问是有限的。

在类域中定义的变量不能使用 auto,register 和 extern 等修饰符,只能用 static 修饰符,而定义的函数也不能用 extern 修饰符。另外,在类域中的静态成员和成员函数还具有外部的连接属性。

一般说来,类域介于文件域和函数域之间。由于类域问题比较复杂,在前面和后面的中都会遇到,只能根据具体问题具体分析。

类本身可被定义在三种作用域内：

(1) 全局作用域。这是所谓全局类,绝大多数的 C++类是定义在该作用域中,在前面定义的所有类都是在全局作用域中。

(2) 在另一个类的作用域中。这是所谓嵌套类，即一个类包含在另一个类中。

(3) 在一个块的局部作用域中。这是所谓局部类，该类完全被块包含。

例如：

```
int fork (void);                    // 全局 fork 函数
class Process
{
    int fork (void);
    ……
};
```

成员函数 fork 隐藏了全局函数 fork，前者能通过单目域运算符调用后者：

```
int Process::fork (void)
{
  int pid = ::fork();               // 调用全局 fork 函数
    ……
}
```

下面举一个嵌套类的例子。

```
class Rectangle
{
   public:
     Rectangle (int, int, int, int);
     ……
private:
    class Point
      {
       public:
         Point (int, int);
       private:
         int x, y;
      };
     Point topLeft, botRight;
};
```

类 Point 嵌套在 Rectangle 类中，Point 成员函数可定义为内联的，也可在全局作用域中，但后者对成员函数名需要更多的限制，例如：

```
Rectangle::Point::Point (int x, int y)
  {
    ……
  }
```

同样，在类域外访问嵌套类需要限制类名，例如：

```
Rectangle::Point pt(1,1);
```

下面我们再看一个局部类的例子：

```
void Render (Image &image)
{
  class ColorTable
  {
   public:
     ColorTable(void) { /* ... */ }
     AddEntry(int r, int g, int b) { /* ... */ }
    ……
   };
   ColorTable colors;
   ……
}
```

类 ColorTable 是在函数 Render 中的局部类。与嵌套类不同的是：局部类不能在其局部作用域外访问，例如：

```
ColorTable ct;                          // 非法，没有定义 ColorTable 类
```

局部类必须完全定义在局部作用域内。所以，它的所有成员函数必须是内联的，这就决定了局部类的成员函数都是很简单的。

7.6.2 对象的生存期

所谓对象的生存期是指对象从被创建开始到被释放为止的存在时间，即对象的寿命。不同存储类的对象具有不同生存期。

按生存期的不同对象可分为如下三种：

(1) 局部对象：局部对象是被定义在一个函数体或程序块内的。它的作用域小，生存期也短。当对象被定义时调用构造函数，该对象被创建，当程序退出定义该对象所在的函数体或程序块时，调用析构函数，释放该对象。

(2) 静态对象：静态对象是被定义在一个文件中。它的作用域从定义时起到文件结束时止。它的作用域比较大，它的生存期也比较大。当程序第一次执行所定义的静态对象时，该对象被创建；当程序结束时，该对象被释放。

(3) 全局对象：全局对象是被定义在任何函数和程序块之外、某个文件中的对象。它的作用域在包含该文件的整个程序中，它的作用域是最大的，生存期也是最长的。当程序开始时，调用构造函数创建该对象；当程序结束时调用析构函数释放该对象。

例 7.12 不同对象生存期实例。


```
#include<iostream.h>
class A
{
  public:
    A(int);
    ~A();
```

```
  private:
    int x;
};
A::A(int a)
{
  x=a;
  cout<<"The number is:"<<x<<endl;
}
A::~A()
{cout<<"Destructor called no. "<<x<<endl;}
void f1()
{
  A A5(5);                         // 局部对象
  cout<<"In f1()"<<endl;
}
A A1(1);                           // 全局对象
static A A2(2);                    // 外部静态对象
void main()
{
   static A A3(3);                 // 内部静态对象
   A A4(4);                        // 局部对象
 cout<<"In main() before call f1. "<<endl;
  f1();
  cout<<"In main() after call f1. "<<endl;
}
```

运行结果为:

```
The number is :1
The number is :2
The number is :3
The number is :4
In main() before call f1.
The number is :5
In f1()
Destructor called no. 5
In main() after call f1.
Destructor called no. 4
Destructor called no. 3
Destructor called no. 2
Destructor called no. 1
```

该程序开始调用构造函数创建全局对象 A1，然后是外部静态对象 A2，内部静态对象 A3，主函数 main()的局部对象 A4，最后是函数 f1()的局部对象 A5。函数 f1()执行结束，调用析构函数释放对象 A5,返回主函数 main()后,调用析构函数先释放局部对象 A4,再释放内部静态对象 A3,主函数 main()被调用结束后。再连续两次调用析构函数分别释放外部静态对象 A2 和全局对象 A1。

习题七

一、选择题

1. 下面关键字中,用以说明类中公有成员是(　　)。

A. public　　B. private　　C. protected　　D. friend

2. 下列的各类函数中,(　　)不是类的成员函数。

A. 构造函数　　B. 析构函数　　C. 友元函数　　D. 复制构造函数

3. 作用域运算符的功能是(　　)。

A. 标识作用域的级别　　B. 指出作用域的范围

C. 给定作用域的大小　　D. 标识某个成员是属于哪个类的

4. (　　)不是构造函数的特征。

A. 构造函数的函数名与类名相同　　B. 构造函数可以重载

C. 构造函数可以设置默认参数　　D. 构造函数必须指定类型说明

5. (　　)是析构函数的特征。

A. 一个类中只能定义一个析构函数　　B. 析构函数名与类名不同

C. 析构函数的定义只能在类体内　　D. 析构函数可以有一个或多个参数

6. 通常复制构造函数的参数是(　　)。

A. 某个对象名　　B. 某个对象的成员名

C. 某个对象的引用　　D. 某个对象的指针名

7. 下面关于成员函数特征的描述中,(　　)是错误的。

A. 成员函数一定是内联函数　　B. 成员函数可以重载

C. 成员函数可以设置缺省值　　D. 成员函数可以是静态的

8. 下述静态数据成员的特性中,(　　)是错误的。

A. 说明静态数据成员时前面要加修饰符 static

B. 静态数据成员要在类体外进行初始化

C. 引用静态数据成员时,可在静态数据成员名前加<类名>和作用域运算符

D. 静态数据成员不是所有对象共用的

9. 友元的作用(　　)。

A. 提高程序的运行效率　　B. 加强类的封装性

C. 实现数据的隐藏性　　D. 增强成员函数的种类

二、读程序题

1.

```
#include <iostream.h>
class L
{
    int n;
  public:
```

```
    L(){n=10;}
    L(int i){n=i;}
    void disp(){cout<<"n="<<n<<endl;}
};
void main()
{
   L s1,s2(100);
   s1.disp();s2.disp();
}
```

2.

```
#include<iostream.h>
class A
{
    int a,b;
  public:
    A() {a=b=0;}
    A(int a1, int b1)
    {
      a=a1; b=b1;
      cout<<a<<' '<<b<<endl;
    }
 };
void main()
{
    A x,y(12,23),z(14,5);
}
```

3.

```
#include<iostream.h>
class T
{
  public:
    T (int a,int b){A=a;B=b;cout<<"Constructor Called\n";}
    T (T &p);
    ~T (){cout<<"Destructor Called\n";}
    int Xcoord(){return A;}
    int Ycoord(){return B;}
private:
    int A,B;
};
T::T (T &p)
{
```

```
    A=p.A;
    B=p.B;
    cout<<"Copy Constructor Called\n";
}
void main()
{
    T m(4,5);
    T n(m);
    cout<<"n="<<n.Xcoord()<<","<<n.Ycoord()<<endl;
}
```

4.

```
#include<iostream.h>
class Sample
{
  private:
      int A;
      static int B;
  public:
      Sample(int a){A=a,B+=a;}
      static void func(Sample s);
};
void Sample::func(Sample s)
{
  cout<<"A="<<s.A<<",B="<<B<<endl;
}
int Sample::B=0;
void main()
{
  Sample s1(2),s2(5);
  Sample::func(s1);
  Sample::func(s2);
}
```

三、编程题

1. 定义一个类 score，它含有私有成员变量 maths、公有成员函数 newscore 和 printscore。其中 newscore 用来设置变量 maths 的初值，print score 用来输出类变量的值。在主程序中定义类的两个对象 stu1 和 stu2，其中数学分数分别为 78 和 91，输出这两个分数。

2. 定义一个类，完成如下操作：从键盘上输入两个学生的学号、姓名和计算机成绩，然后分别把它们显示出来。要求：把所需要的变量定义为私有变量，输入和输出操作用一个内联函数来实现。

3. 定义一个计算器类 Counter，其构造函数将计数器初值置 0；成员函数 countchar 能接受从键盘上输入的若干字符，统计输入的字符个数，按回车键结束计数，但不返回值，而用另一成员函数返回计数器的值。

第 8 章 类和对象的应用

在熟悉了类和对象的定义、初始化等基础知识后，本章将进一步讲述类和指针、类和数组、常类型、子对象和堆对象等方面的知识。

8.1 类和指针

在前面的章节中讲过指针可以直接对内存中各种不同数据结构进行快速的处理。利用指针对类的对象、类中的数据成员和成员函数进行访问时，能够使程序的运行效率提高，性能增强。因此，在本节将详细的讨论类与指针的关系。

8.1.1 指向类对象的指针

在建立对象时，编译系统会为每一个对象分配一定的存储空间，以存放其成员。对象空间的起始地址就是对象的指针。可以定义一个指针变量，用来存储对象的指针，即指向对象的指针。

指向类对象的指针变量一般格式为：

<类名> *<对象指针名>

如果有一个类定义：

```
class Time
{
  public:
    int hour;
    int minute;
    int sec;
    void get_time();
};
void Time::get_time()
{
   cout << hour << ":" << minute << ":" << sec << endl;
}
```

在此有以下语句：

```
Time *pt;                      // 定义 pt 为指向 Time 类对象的指针变量
Time t1;                       // 定义 t1 为 Time 类对象
pt=&t1;                        // 将 t1 的起始地址赋给 pt
```

这样，pt 就是指向 Time 类对象的指针变量，指向对象 t1。可以通过对象指针访问对象的成员。如：

```
(*pt).hour 或 pt->hour                  // pt 所指向对象中的 hour 成员，即 t1.hour
(*pt).get_time()或 pt->get_time()       // pt 所指向对象中的 get_time 函数，即 t1.get_time()
```

8.1.2 指向类的成员的指针

在 C++中，指向类的成员的指针包括指向类的数据成员和成员函数的两种指针。

指向数据成员的指针变量的一般格式为：

<数据类型名> <类名>::<指针变量名>*

如有如下类定义：

```
class A
{
 public:
  int fun();
  int a;
  ……
};
int A::*p1;                             // p1 为指向类 A 的数据成员的指针
p1=&A::a                                // 成员指针指向数据成员 a
```

在声明了对象以后，就可以使用指向成员的指针。如：

```
A x;
A *p=&x;                                // 定义对象指针 p，指向对象 x
x.*p1=10;                               // 为数据成员赋值，为成员 a 的值
p->*p1=10;                              // 利用指针对象、成员指针，为数据成员赋值
cout<<x.*p1<<endl;
```

由上述语句可见，如果定义了对象，可用对象名和“*”来使用指向数据成员的指针访问该对象的某一成员。如果使用指向对象的指针来访问该成员，则可以使用“->*”。

应当注意：成员指针只能指向类中的公有成员。

定义指向类的成员函数的指针变量的方法与定义指向普通函数的指针变量方法有所不同。

指向类成员函数的指针格式如下：

*<数据类型>(类名::*指针变量名)(参数表)；*

为成员函数指针赋值的一般格式为：

指针变量名=类名::成员函数名；

其中，类中的成员函数的参数表和返回值应与成员函数指针完全相同。如以前面的类定义为例：

```
int (A::*p2)();                         // 定义指向成员函数的指针 p2
p2=A::fun;                              // 函数指针 p2 指向成员函数 fun
```

x. fun()或(x. * p2)();// 调用成员函数

注意:类的成员指针只能指向公有成员函数。

例 8.1　对象指针、指向数据成员的指针、指向成员函数的指针实例。

```
#include <iostream>
using namespace std;
class Time
{
 public:
  Time(int ,int ,int );
  void get_time();
  int hour;
  int minute;
  int sec;
};
Time::Time(int h,int m,int s)
{
  hour = h;
  minute= m;
  sec = s;
}
void Time::get_time()
{
  cout << hour << ":" << minute << ":" << sec << endl;
}
int main()
{
 Time t1(10,13,56);                    // 定义 Time 类对象 t1
 Time *p=&t1;                          // 定义指向 Time 类对象的指针变量 p,并赋值
 int Time::*p1=&Time::hour;            // 定义指向 Time 类数据成员的指针 p1,并赋值
 void (Time::*p2)();                   // 定义指向 Time 类成员函数的指针 p2
 p2 = Time::get_time;                  // 使 p2 指向 Time 类成员函数 get_time
 cout <<t1.hour<< endl;
 cout <<t1.*p1<< endl;
 cout <<p->hour<< endl;
 cout <<p->*p1<< endl;
 t1.get_time();                        // 调用对象 t1 的成员函数 get_time()
 p->get_time();                        // 调用 p 所指向对象的 get_time()函数
 (t1.*p2)();                           // 利用指向成员函数的指针 p2 调用所指的成员函数
 return 0;
}
```

程序的运行结果为:

```
10
10
10
10
10:13:56
10:13:56
10:13:56
```

该程序利用多种方法分别访问类的数据成员和成员函数。

8.1.3 this 指针

this 指针就是类自己的指针，不用声明和创建。对象的封装在编译器里并不是真正的封装，实际上多个对象的成员函数在内存里只有一份，而对象的成员变量是不同的。为了辨别是哪个对象的调用，在调用成员函数时，编译器隐含地插入一个参数。这个参数就是 this 指针。当一个对象调用成员函数时，系统先将该对象的地址赋给 this 指针，并将该指针作为一个变量自动传递给该成员函数，即在成员函数里指向对象自己。

例 8.2 this 指针的使用。

```
#include<iostream.h>
class   A
{   public:
      A(int x,int y);
         void print()
         {cout<<"a="<<a<<" b="<<this->b<<endl;}
    private:
          int a,b;
};
A::A(int x,int y)
{
    a=x;this->b=y;
}
void main()
{
A m(1,2),n(10,20);
m.print();
n.print();
}
```


该程序的运行结果为：

```
a=1 b=2
a=10 b=20
```

该程序中，成员函数调用时，利用 this 指针对数据成员进行访问。

8.2　类和数组

在这一节中，将讲述类和数组的关系。分别讲述对象数组、对象指针数组和指向对象数组的指针。

8.2.1　对象数组

类的对象和 C++其他数据类型一样，也可以为其建立数组。对象数组是指数组元素为对象的数组。对象数组的定义、赋值和引用与普通数组一样，只是数组的元素与普通数组元素不同，它是同一个类的若干个对象。

对象数组定义格式如下：

<类名> <数组名>[<大小>]

其中，<类名>指出该数组元素是属于该类的对象，方括号内的<大小>给出某一维的元素个数。一维对象数组只有一个方括号，二维对象数组要有两个方括号。

如定义一个类 A：

```
class A
{   public:
A(int a,int b){x=a;y=b;}
private:
int x,y;
};
A a[4]={A(1),A(2),A(3),A(4)};          // 为对象数组 a 初始化
```

也可给数组 a 赋值。

如：a[0]=A(1); a[1]=A(2); a[2]=A(3);a[3]=A(4);

例 8.3　对象数组的应用实例。

```
#include<iostream.h>
class A
{
 public:
A(){x=y=0;}
   A(int a,int b){x=a;y=b;}
   int Getx(){return x;}
   int Gety(){return y;}
   ~A(){cout<<"Destructure called.\n";}
  private:
   int x,y;
};
void main()
{  A a[4]={A(1,2),A(3,4),A(5,6)};   // 为对象数组 a 初始化
   a[2]=A(7,8);                      // 用无名对象为数组元素赋值
```

```
    a[3]=A(9,10);                          // 用无名对象为数组元素赋值
    for (int i=0;i<4;i++)
        cout<<"a["<<i<<"]=("<<a[i].Getx()<<","<<a[i].Gety()<<")"<<endl;
}
```

该程序的运行结果为:

```
Destructure called.
Destructure called.
A[0]=(1,2)
A[1]=(3,4)
A[2]=(7,8)
A[3]=(9,10)
Destructure called.
Destructure called.
Destructure called.
Destructure called.
```

根据运行结果可知,在执行语句 a[2]=A(7,8);和 a[3]=A(9,10);时,系统先调用构造函数产生两个无名对象分别为两个对象数组元素 a[2]和 a[3]赋值。然后再将两个无名对象通过调用析构函数释放掉。

8.2.2 对象指针数组

对象指针数组是指该数组的元素是指向对象的指针。它要求所有数组元素都是指向同一个类对象的指针。

对象指针数组的定义格式:

<类名> *<数组名>[<大小>]

它与一般的指针数组所不同的地方在于该数组的元素一定是指向对象的指针,即指向对象的指针用来做该数组的元素。

例 8.4 对象指针数组的应用。

```
#include<iostream.h>
class A
{
 public:
    A(){x=y=0;}
    A(int a,int b){x=a;y=b;}
    int Getx(){return x;}
    int Gety(){return y;}
 private:
    int x,y;
};
void main()
{
```

```
    A p1(1,2),p2(3,4),p3(5,6),p4(7,8);  // 为对象数组 a 初始化
    A *p[4]={&p1,&p2,&p3,&p4};          // 定义对象指针数组,并进行初始化
    for (int i=0;i<4;i++)
     cout<<"p["<<i<<"]=("<<p[i]->Getx()<<","<<p[i]->Gety()<<")"<<endl;
}
```

在该程序中,定义一个具有 4 个元素的指针数组 *p[4]。该数组的 4 个元素即为 4 个指向对象的指针,并初始化使 4 个指针分别指向 4 个对象 p1,p2,p3,p4。因此,就可通过这 4 个指向对象的指针来调用成员函数。

8.2.3　指向对象数组的指针

指向对象数组的指针与对象的指针数组是两个完全不同的概念。前者是指针,后者是数组。

指向对象数组的指针定义格式为:

<类名>(*<指针名>)[<大小>]

定义格式与对象指针数组的区别是指针名加"()",指向数组的指针是将数组的首地址赋给指针,使指针指向某数组,然后通过循环改变指针指向的地址,从而动态地访问数组中各个元素。

如:A (*p)[3];

其中,p 是一个指向对象数组的指针。它所指向的对象数组是一个一维数组。它有 3 个元素,每个元素都是类 A 的对象。

例 8.5　指向对象数组的指针实例。

```
#include<iostream.h>
class A
{
 public:
   A(){x=y=0;}
   A(int a,int b){x=a;y=b;}
   int Getx(){return x;}
   int Gcty(){return y;}
 private:
   int x,y;
};
void main()
{
  A p1[2][3]={A(1,2),A(3,4),A(5,6),A(7,8),A(9,10),A(11,12)};
                                          // 定义对象数组
  A (*p)[3]=p1;                           // 定义指向一个二维对象数组的指针,并进行初始化
  for (int i=0;i<2;i++)
  {
for(int j=0;j<3;j++)
```

```
      cout<<(*(*(p+i)+j)).Getx()<<","<<(*(*(p+i)+j)).Gety()<<"  ";
    cout<<endl;
  }
}
```

程序的运行结果为：

```
1,2  3,4  5,6
7,8  9,10  11,12
```

在该程序中，定义了一个二维对象数组 p1，又定义了一个指向对象数组的指针 p，在对成员函数的调用时，使用指针法来调用。

8.3 常类型

常类型是指使用类型修饰符 const 说明的类型。常类型的变量或对象的值是不能被更新的。因此，定义或说明常类型时必须进行初始化。有关常类型的概念在前面已经介绍了，在本节里只讲述与常对象有关的概念。

8.3.1 常对象

在对象名前使用 const 修饰的对象即为常对象。它表示一个常量型的对象。

定义格式如下：

<类名> const <对象名>(<初值>)

或者

const <类名> <对象名> (<初值>)

例如：定义一个 point 类的常对象

point const p(12,34);或 const point p(12,34);

定义常对象时，同样要进行初始化，并且该对象不能再被更新，修饰符 const 可以放在类名后面，也可以放在类名前面。

8.3.2 常成员函数和常数据成员

使用 const 关键字进行说明的成员函数，称为常成员函数。只有常成员函数才有资格操作常量或常对象，没有使用 const 关键字说明的成员函数不能用来操作常对象。

常成员函数说明格式如下：

<类型说明符> <函数名> (<参数表>) const;

其中，const 是加在函数说明后面的类型修饰符。它是函数类型的一个组成部分，因此，在函数实现部分也要带 const 关键字。

在类中对常数据成员的说明与一般常量的说明一样。

由于 const 类型对象必须被初始化，并且不能更新，因此，在类中说明了 const 数据成员时，只能通过成员初始化列表的方式来生成构造函数对数据成员初始化。

下面举一例子说明常对象、常成员函数和常数据成员的特征。

例 8.6　常对象、常成员函数和常数据成员的应用实例。

```
#include <iostream.h>
class A
{
   public:
      A(int a, int b,int c):z(c) { x=a; y=b;}          // 通过初始化列表为常数据成员赋初值
      void print();
      void print() const;                              // 说明常成员函数
   private:
      int x,y;
      const int z;                                     // 说明常数据成员
};
void A::print()
{
  cout<<"x="<<x<<",y="<<y<<",z="<<z<<endl;
}
void A::print() const
{
  cout<<"x="<<x<<",y="<<y<<", const z="<<z<<endl;
}
void main()
{
  A a(5,4,3);
  a.print();                                           // 调用成员函数
  const A b(15,25,35);
  b.print();                                           // 调用常成员函数
}
```

该程序的运行结果为：

```
x=5,y=4,z=3
x=15,y=25,const z=35
```

在该程序中，在类 A 中说明了两个成员函数 print()，其中一个是常成员函数。在主函数中说明了两个对象 a 和 b。其中 b 为常对象，因此，a 调用普通的成员函数 print()，b 调用常成员函数 print()。在常成员函数中，不能更新对象的数据成员，也不能调用该类中没有用 const 修饰的成员函数。在程序中还定义了一个常数据成员 z，z 只能通过初始化列表来获得初值。

8.4　子对象与堆对象

在熟悉了对象的定义和应用的基础上，在本节将讲述两个特殊的对象，子对象和堆对象。

8.4.1 子对象

当一个类的成员是另一个类的对象时，该对象就为子对象。子对象实际就是对象成员。在类中出现了子对象时，该类的构造函数要包含对子对象的初始化，通常采用成员初始化表的方法来初始化子对象。在成员初始化表中包含对子对象的初始化和对类中其他成员的初始化。

例 8.7 子对象实例。

```
#include <iostream>
using namespace std;
class  A
{
  public:
    A(int i, int j) { a=i; b=j; }
    void print() { cout<<"a="<<a<<","<<"b="<<b<<endl; }
  private:
    int a, b;
};
class B
{
  public:
    B(int x, int y, int h,int w):a(x, y)              // 用初始化列表初始化子对象
      { A1=h;A2=w;}
    void print();
  private:
    int A1,A2;
    A a;                                              // 子对象
};
void B::print()
{
a. print();
  cout<<"A1="<<A1<<","<<"A2="<<A2<<",Area="<<A1 * A2<<endl;
}
void main()
{
  A p1(10,20);
  p1. print();
  B p2(11,12,21,22);
  p2. print();
}
```

该程序的输出结果为：

```
a=10,b=20
```

```
a=11,b=12
A1=11,A2=12,Area=462
```

在该程序中,类 B 中的 a 是子对象,a(x, y)是成员初始化列表。

8.4.2　堆对象

在 C++中,对象的生存期是严格定义的,程序员不能随便地改变对象的生存期。但是,有的时候需要一些对象能够根据程序的运行来分配和释放它们,也就是说动态地分配和释放对象。堆对象就是这样一种对象,在程序运行过程中根据需要随时可以建立或删除的对象。这种堆对象被创建在内存一些空闲的存储单元中。这些存储单元被称为堆。它们可以被创建的堆对象占有,也可以通过删除堆对象而获得释放。

在 C++中,用 new 运算符来动态分配创建堆对象,用 delete 运算符释放堆对象。这两个运算符又称为动态分配内存空间运算符。

new 运算符使用格式如下:

new <类型说明符>(<初始化列表>)

如:有一个类 A

```
A *p1, *p2;                    // 定义指向类 A 对象的指针
p1=new A(1,2);                 // 创建一个无名对象并初始化,由 p1 指针指
向该对象
p2=new A[5];                   // 创建对象数组,数组的首地址赋值给 p2,p2
指向该数组
```

new 运算符返回一个指针,指针类型将与 new 所分配对象相匹配;如果不匹配可以通过强制类型的方法转换,否则将出现编译错误。

如果 new 运算符不能分配到所需要的内存,它将返回 0。这时的指针为空指针。

delete 运算符使用格式:

该运算符的功能是用来删除使用 new 创建的对象。

delete <指针名>

如:

```
delete p1;                     // 删除使用 new 创建的对象
delete[] p2;                   // 删除使用 new 创建的对象数组
```

注意:

(1) delete 运算符必须使用于由运算符 new 返回的指针;

(2) delete 运算符也适用于空指针(即其值为 0 的指针);

(3) 指针名前只用一对方括号符,并且不管所删除数组的维数,忽略方括号内的任何数字。

例 8.8　运算符 new 和 delete 用法实例。

```
#include <iostream.h>
class Tdate
{
```

```
    public:
        Tdate(int y, int m,int d)
        {
         year=y;
         month=m;
         day=d;
         cout<<"构造函数.\n";
        }
        Tdate()
        {cout<<"缺省构造函数.\n";}
        ~Tdate() { cout<<"析构函数.\n"; }
        void show();
    private:
        int year,month,day;
};
void Tdate::show()
{
    cout<<year<<"."<<month<<"."<<day<<endl;
}
void main()
{
    Tdate *a, *p;
    a=new Tdate(2008,10,30);                    // 创建无名对象,调用构造函数
    a->show();                                  // 显示 a 指向的无名对象值
    p=new Tdate[2];                             // 创建 2 个元素的无名对象数组,p 指向该
数组
    p[0]=Tdate(2008,10,29);
    p[1]=Tdate(2008,10,28);
    for(int i=0;i<2;i++)
        p[i].show();
    delete a;
    delete[]p;
}
```

该程序的输出结果为:

```
构造函数.
2008.10.30
默认构造函数.
默认构造函数.
构造函数.
析构函数
构造函数.
析构函数
```

2008.10.29

2008.10.28

析构函数

析构函数

析构函数

根据程序的运行结果可知，用 new 创建对象时，要调用构造函数，用 delete 删除对象时，要调用析构函数。

使用 new[]创建对象数组时，类中必须说明缺省构造函数，对象数组有几个元素，就调用几次缺省构造函数。在给数组的每个元素赋值时，自动调用构造函数创建一个无名对象，赋值运算一结束，立即调用析构函数释放该对象。在整个程序运行结束时，要用 delete 删除对象，有几个元素就调用几次析构函数。

习题八

一、选择题

1. 下列定义中，(　　)是定义指向数组的指针 p。

A. int ＊p[5]　　B. int (＊p)[5]　　C. (int ＊)p[5]　　D. int ＊p[]

2. 已知 f1(int)是类 A 的公有成员函数，p 是指向成员函数 f1()的指针，采用(　　)是正确的。

A. p=f1　　B. p=A::f1　　C. p=A::f1()　　D. p=f1()

3. 已知：类 A 中一个成员函数说明如下：void Set(A &a)；其中，A &a 的含意是(　　)。

A. 指向类 A 的指针为 a

B. 将 a 的地址值赋给变量 Set

C. a 是类 A 的对象引用，用来作为函数 Set()的形参

D. 变量 A 与 a 按位相与作为函数 Set()的参数

4. 运算符－>＊的功能是(　　)。

A. 使用对象指针通过指向成员的指针表示成员的运算

B. 使用对象通过指向成员的指针表示成员的运算

C. 用来表示指向对象指针的成员的运算

D. 用来表示对象成员的运算

5. 已知一个类 A，(　　)是指向类 A 成员函数的指针。假如类有三个公有成员：void f1(int)，void f2(int)和 int a。

A. A ＊p　　B. int A::＊pc=&A::a

C. void A::＊pa()　　D. A ＊pp

6. 已知：p 是一个指向类 A 数据成员 m 的指针，A1 是类 A 的一个对象。如果给 m 赋值为 5，(　　)是正确的。

A. A1.p=5　　B. A1－>p=5　　C. A1.＊p=5　　D. ＊A1.p=5

7. 已知：print()函数是一个类的常成员函数，它无返回值，下列表示中，(　　)是正确的。

A. void print() const　　B. const void print()

C. void const print()　　　　　　D. void print (const)

8. 关于 new 运算符的下列描述中,(　　)是错误的。

A. 它可以用来动态创建对象和对象数组

B. 使用它创建的对象或对象数组可以使用运算符 delete 删除

C. 使用它创建对象时要调用构造函数

D. 使用它创建对象数组时必须指定初始值

9. 下列说明中,const char *ptr;ptr 应该是(　　)。

A. 指向字符常量的指针　　　　B. 指向字符的常量指针

C. 指向字符串常量的指针　　　D. 指向字符串的常量指针

10. 下列关于对象数组的描述中,(　　)是错误的。

A. 对象数组的下标是从 0 开始的

B. 对象数组的数组名是一个常量指针

C. 对象数组的每个元素是同一个类的对象

D. 对象数组只能赋初值,而不能赋值

11. 关于 delete 运算符的下列描述中,(　　)是错的。

A. 它必须用于 new 返回的指针

B. 它也适用于空指针

C. 对一个指针可以使用多次该运算符

D. 指针名前只用一对方括号符,不考虑所删除数组的维数

二、读程序题

1.

```
#include <iostream.h>
#include<string.h>
struct client
{
    char name[20];
    int numb;
    float wage;
};
void show_data(client *p)          // 结构指针作参数
{
    cout<<p->numb<<endl;
    cout<<p->name<<endl;
    cout<<p->wage<<endl;
}
void main()
{
    struct client cstr;
    cstr.numb=13200;
    strcpy(cstr.name,"Li Wei");
```

```
    cstr.wage=3215.6;
    show_data(&cstr);
}
```

2.

```
#include<iostream.h>
class Sample
{
  private:
    int x,y;
  public:
    Sample(){x=y=0;}
    Sample(int a,int b){x=a;y=b;}
   void disp()
 {
      cout<<"x="<<x<<",y="<<y<<endl;
    }
};
void main()
{
  Sample s1,s2(1,2),s3(10,20);
  Sample *pa[3]={&s1,&s2,&s3};
for(int i=0;i<3;i++)
   pa[i]->disp();
}
```

3.

```
#include<iostream.h>
class C
{
private:
    int d;
    static int s;
public:
    C(int a=0)
    {
      d=a;
      s++;
    }
    int getd(){return d;}
    int gets(){return s;}
    void setd(int a){d=a;}
};
```

```
int C::s=0;
void main()
{
C c[3];
for(int i=0;i<3;i++)
c[i].setd(i+1);
for(int k=0;k<3;k++)
cout<<"c["<<k<<"].d="<<c[k].getd()<<'\t'<<"c["<<k<<"].s="<<c[k].gets()<<endl;
cout<<"there are "<<c[0].gets()<<" objects created."<<endl;
}
```

三、编程题

1.定义一个类,然后定义该类的对象,并用 this 指针显示该对象的地址。

2.定义一个成绩类,分别利用指向数据成员的指针和指向成员函数指针输出各门课的成绩。

第 9 章
继承性和派生类

前面讲述了面向对象程序设计的第一个重要特性——数据的封装性。本章将接着讨论面向对象程序设计中的第二个特性——数据的继承性。继承性是提供无限重复利用程序资源的一种途径，也是用已知类来定义一个新类的方法。

9.1　基类和派生类

在 C＋＋中允许有定义类之间的继承关系，在已定义的类的基础上产生新类。从已定义类产生新类的过程称为派生。已存在的用来派生新类的类为基类，又称父类。由已存在的类派生出的新类称为派生类，又称为子类。例如，从哺乳动物派生出狗，哺乳动物是父类，狗是子类。在 C＋＋语言中，一个派生类可以从一个基类派生，也可以从多个基类派生。从一个基类派生的继承称为单继承。从多个基类派生的继承称为多继承。

继承重用父类的代码，专注于为子类编写代码。子类能够继承父类的全部特征，包括所有的数据成员和成员函数；并且子类还能够定义父类所没有的，属于自己的特征，即自己定义的数据成员和函数成员。

9.1.1　派生类的定义格式

单继承的定义格式：

```
class <派生类名>:<继承方式><基类名>
{
    <派生类新定义的成员>
};
```

多继承的定义格式：

```
class<派生类名>:<继承方式 1><基类名 1>,<继承方式 2><基类名 2>,……
{
    <派生类新定义的成员>
};
```

多继承与单继承的主要区别从定义格式上看，主要是多继承的基类多于一个。

说明：

(1) <基类名>是已定义类的名称。<派生类名>是新定义的一个类的名字，是从<基类名>中派生。

(2) 派生类按指定的<继承方式>从基类中派生出。<继承方式>有常用的如下三种：

public 表示公有继承；

private 表示私有继承(此方式为缺省方式)；

protected 表示保护继承。

单继承定义，如已定义了基类：Mammal 类，如何定义一个派生类：Dog 类，举例如下：

```
class Mammal                                  // 定义一个基类
{
  protected:
    int itsAge;
    int itsWeight;
  public:
    int GetAge(){return itsAge;}
    void SetAge(int age){itsAge=age;}
    int GetWeight(){return itsWeight;}
    void SetWeight(int itsWeight;)
};
class Dog:public Mammal                       // 定义一个派生类
{
  private:
    char itsColor[10];
  public:
    char GetColor{return itsColor;}
    void SetColor(char * color){strcpy(itscolor,color);}
    void WagTail(){cout << " 尾巴摇摇…\n";}
};
```

多继承定义，如已定义两个基类：Fan 类和一个 Lamp 类，如何定义一个派生类：FanLamp 类，举例如下：

```
class Fan                                     // 定义基类 Fan
{
  private:
    int flag,power;
  public:
    void on(){flag=1;cout <<"打开风扇\n";}
    void off(){flag=0;cout <<"关闭风扇\n";}
};
class Lamp                                    // 定义基类 Lamp
{
  private:
    int flag,power;
  public:
    void on() {flag=1;cout <<"开灯\n";}
    void off() {flag=0;cout <<"关灯\n";}
};
class FanLamp:public Fan,public Lamp          // 定义派生类 FanLamp
```

```
{
private:
float price;
public:
    void print(cout<<"价格"<<endl;)
};
```

9.1.2　派生类的继承特性

派生类的继承特性是派生类从基类中继承过来的成员的可访问性。共有三种继承方式。表 9.1 所列为三种继承方式的各自特点。

1. 继承方式的特性

派生类根据继承方式的不同，从基类继承来的成员的属性也不同。

(1) 无论哪种方式，基类中的私有成员不允许外部函数访问，也不允许派生类中的成员访问，但可以通过基类的公有成员访问。

(2) 公有继承、保护继承和私有继承的区别是基类中的公有成员在派生类中的属性不同。

1) 公有继承时，基类中的所有公有成员在派生类中也都是公有成员。

2) 保护继承时，基类中的所有公有成员和保护成员在派生类中是保护成员。

3) 私有继承时，基类中的所有公有成员和保护成员在派生类中是私有成员。

表 9.1　派生类的继承特性

基类成员类型	基类内部函数	基类对象	public 继承方式		private 继承方式		protected 继承方式	
			派生类内部函数	派生类对象	派生类内部函数	派生类对象	派生类内部函数	派生类对象
基类公有成员(public)	可访问	可访问	可访问，保持 public	可访问	可访问，转为 private	不可访问	可访问，转为 protected	不可访问
基类保护成员(protected)	可访问	不可访问	可访问，保持 protected	不可访问	可访问，转为 private	不可访问	可访问，保持 protected	不可访问
基类私有成员(private)	可访问	不可访问	不可访问	不可访问	不可访问	不可访问	不可访问	不可访问

2. 派生类的访问权限

由于继承方式不同，所以对类成员的访问权限也不同。

(1) 公有继承

在公有继承中，基类成员的可访问性在派生类中保持不变，即基类的私有成员在派生类中还是私有成员，不允许外部函数和派生类的成员函数直接访问，但可以通过基类的公有成员函数访问；基类的公有成员和保护成员在派生类中仍是公有成员和保护成员，派生类的成员函数可直接访问它们，而外部函数只能通过派生类的对象间接访问它们。

例 9.1　公有继承的实例。

```
#include<iostream.h>
```

```
class A
{
  private:
    int s;
  public:
    void initt(int n)
      {  s=n;  }
    int gets()
      {  return s;  }
};
class B:public A                              // 类 B 以公有继承的方式继承类 A 的成员
{
  private:
    int t;
  public:
    void initt(int n)
      {  t=n;  }
    int gett()
      {  return t * gets();  }                // 通过基类的成员函数访问基类的私有成员
};
int main()
{
  B ob;
  ob.A::initt(8);                             // 通过派生类的对象访问基类的公有成员函数
  ob.initt(9);                                // 通过派生类的对象访问自己的公有成员函数
  ob.gett();
  cout<<ob.gett()<<endl;
  return 0;
}
```

运算结果:72

这里应注意两个问题:

1) 虽然派生类以公有的方式继承了基类,但并不是说派生类就可以访问基类的私有成员,基类无论怎样被继承,其私有成员对基类而言仍然保持私有性。

2) 在派生类中声明的名字如果与基类中声明的名字相同,则派生类中的名字起支配作用。也就是说,若在派生类的成员函数中直接使用该名字的话,该名字是指在派生类中声明的名字。如果要使用基类中的名字,则应使用作用域运算符加以限定,即在该名字前加“基类名::”。

(2) 私有继承

在私有继承中,派生类只能以私有方式继承基类的公有成员和保护成员,因此,基类的公有成员和保护成员在派生类中成为私有成员。它们能被派生类的成员函数直接访问;但不能被类外函数访问,也不能在类外通过派生类的对象访问。另外,基类的私有成员派生类也不能

访问,因此,在设计基类时,通常都要为它的私有成员提供公有的成员函数,以便派生类和外部函数能间接访问它们。

例 9.2　私有继承的实例。

```
#include<iostream.h>
class A
{
  private:
    int s;
  public:
    void inits(int n)
    {   s=n;   }
    int gets()
    {   return s;   }
};
class B:private A                        // 类 B 以私有继承的方式继承类 A 的成员
{
  private:
    int t;
  public:
    void initst(int n,int m)
    {   inits(n); t=m;   }               // 可直接访问从基类中私有继承的成员
    int gett()
    {   return t * gets();   }           // 通过基类的成员函数间接访问基类的私有成员
};
main()
{
  B ob;
  ob.inits(20);                          // 非法,不能通过类外对象访问从基类私有继承来
                                         // 的成员
  ob.initst(10,26);
  cout<<ob.gett()<<endl;
  return 0;
}
```

在该程序中,语句 ob.inits(20);是非法的,因为不能通过类外对象访问从基类继承私有的成员。如果去掉该语句,则程序的运行结果为:260。读者根据运行结果自行分析此程序。

(3) 保护继承

在保护继承中,基类的公有成员在派生类中成为保护成员,基类的保护成员在派生类中仍为保护成员,所以,派生类的所有成员在类的外部都无法访问它们。

(4) 派生类直接访问基类成员

派生类不能直接访问基类的私有成员。若要访问,必须使用基类的接口,即通过其成员函

数。实现的方法有两种：

1）在基类的声明中增加保护成员，将基类中提供给派生类访问的私有成员定义为保护成员。

2）将需要访问基类私有成员的派生类成员函数声明为友元。

9.1.3 单继承派生类的构造函数和析构函数

单继承就是派生类只继承一个基类，也就是派生类只能从单个基类中继承。

1. 派生类构造函数和析构函数的执行顺序

C++规定，基类成员的初始化工作由基类的构造函数完成，而派生类的初始化工作由派生类的构造函数完成。这就产生了派生类构造函数和析构函数的执行顺序问题，即当创建一个派生类的对象时，如何调用基类和派生类的构造函数分别完成各自成员的初始化。当撤销派生类对象时，又如何调用基类和派生类的析构函数分别完成各自的善后处理。它们的执行顺序是：

对于构造函数，先执行基类的，再执行对象成员的，最后执行派生类的。

对于析构函数，先执行派生类的，再执行对象成员的，最后执行基类的。

2. 派生类构造函数和析构函数的构建

基类的构造函数和析构函数不能被派生类继承。

如果基类没有定义构造函数，派生类也可以不定义构造函数，全部采用默认的构造函数。此时，派生类新增成员的初始化工作可用其他公有函数来完成。

如果基类定义了带有形参表的构造函数，派生类就必须定义新的构造函数，提供一个将参数传递给基类构造函数的途径，以便保证在基类进行初始化时能获得必需的数据。

如果派生类的基类也是派生类，则每个派生类只须负责其直接基类的构造，不负责自己的间接基类的构造。

派生类是否要定义析构函数与所属的基类无关。如果派生类对象在撤销时需要做清理善后工作，就需要定义新的析构函数。

派生类的数据成员由所有基类的数据成员和派生类新增的数据成员共同组成。如果派生类新增成员中还有对象成员，派生类的数据成员中也间接含有这些对象的数据成员，那么，派生类对象的初始化，就要对基类数据成员、新增数据成员和对象成员的数据进行初始化。这样，派生类的构造函数需要以合适的初值作为参数，隐含调用基类的构造函数和新增对象成员的构造函数来初始化各自的数据成员，再用新加的语句对新增数据成员进行初始化。

派生类构造函数声明的一般格式为：

```
<派生类名>(参数总表):基类名(参数表),对象成员名1(参数表1),……对象成员名n(参数表n)
    {
        //派生类新增成员的初始化语句
    }
```

说明：

(1) 派生类的构造函数名与派生类名相同。

(2) 参数总表列出初始化基类成员数据、新增对象成员数据和派生类新增成员数据所需

要的全部参数。

(3) 冒号后列出需要使用参数进行初始化的基类的名字和所有对象成员的名字及各自的参数表。它们之间用逗号分开。对于使用默认构造函数的基类或对象成员,可以不给出类名或对象名以及参数表。

派生类析构函数的功能与基类析构函数的功能一样,也是在对象撤销时进行必需的清理善后工作。析构函数不能被继承。如果需要,则要在派生类中重新定义。跟基类的析构函数一样,派生类的析构函数也没有数据类型和参数。

派生类析构函数的定义方法与基类的析构函数定义方法完全相同,而函数体只需完成对新增成员的清理和善后就行了。基类和对象成员的清理善后工作系统会自动调用它们各自的析构函数来完成。

例 9.3　派生类构造函数和析构函数的实例。

```
#include<iostream.h>
class base
{
    int i;
  public:
    base(int n)                                 // 基类构造函数
    {
      cout<<"constructing base class\n";
      i=n;
    }
    ~base()                                     // 基类析构函数
     {  cout<<"destructing base class\n";  }
    void showi()
     {  cout<<i<<endl;  }
};
class derived: public base                      // 公有方式继承新类
{
    int j;                                      // 派生类新增数据成员
    base obj;                                   // 基类对象作为派生类对象成员
  public:
    derived(int n):base(n),obj(n)               // 派生类构造函数
     {
      cout<<"constrycting derived class\n";
      j=n;
     }
    ~derived()                                  // 派生类析构函数
      {  cout<<"destructing derived class\n";  }
    void showj()
     {  cout<<j<<endl;  }
};
```

```
main()
{
  derived ob(10);
  ob.showi();
  ob.showj();
  return 0;
}
```

该程序的运行结果：

```
constructing base class          // 执行基类构造函数的结果
constructing base class          // 执行对象成员构造函数的结果
constrycting derived class       // 执行派生类构造函数的结果
10
10
destructing derived class        // 执行派生类析构函数的结果
destructing base class           // 执行对象成员析构函数的结果
destructing base class           // 执行基类析构函数的结果
```

9.2 多重继承

9.2.1 多重继承的概念

当一个派生类具有多个基类时，称这种继承为多重继承或多基派生。多重继承中的主要问题是标识不唯一。在派生类继承的这多个基类中有同名成员时，派生类中就会出现来自不同基类的同名成员，就出现了标识不唯一或二义性的情况，这在程序中是不允许的。

如：多继承中的二义性问题。

```
class base1
{
  public:
    int x;
    int a();
    int b();
    int b(int);
    int c();
};
class base2
{
  public:
    int x;
    int a();
    float b();
```

```
    int c();
};
class derived:public base1,public base2
{    };
void d(derived &e)
{
  e.x=10;                      // 错误，不知道 x 是从那个基类继承来的，有二义性
  e.a();                       // 错误，有二义性
  e.b();                       // 错误，有二义性
  e.c();                       // 错误，有二义性
}
```

解决这个问题的办法有三种，一是使用作用域运算符"::"，二是使用同名覆盖的原则，三是使用虚函数。关于虚函数的有关问题将在后面讨论，这里介绍前两种方法。

1. 使用作用域运算符

如果派生类的基类之间没有继承关系，同时又没有共同的基类，则在引用同名成员时，可在成员名前加上类名和作用域运算符"::"，来区别来自不同基类的成员。例如，将前面的 d (derived &e) 函数改写如下，就不会出现这个问题了。

```
void d(derived &e)
{
   e.base1::x=10;
   e.base2::a();
   e.base2::b();
   e.base1::c();
}
```

2. 使用同名覆盖的原则

在派生类中重新定义与基类中同名的成员（如果是成员函数，则参数表也要相同，参数不同的情况为重载）以隐蔽掉基类的同名成员。在引用这些同名的成员时，就是使用派生类中的函数，也就不会出现二义性的问题了。

例 9.4　使用作用域运算符和同名覆盖的例子。

```
#include<iostream.h>
class A
{
  public:
     int x;
     void show()
        {cout<<"This is A   x="<<x<<endl;}
};
class B:public A
{
   public:
```

```
    int x;                                  // 同名数据成员
    void show()                             // 同名成员函数
      { cout<<"This is B   x="<<x<<endl;}
};
void main()
{
  B ob;
  ob.x=10;                                  // 用同名覆盖原则引用派生类数据成员
  ob.show();                                // 用同名覆盖原则引用派生类成员函数
  ob.A::x=20;                               // 用作用域运算符访问基类成员
  ob.A::show();                             // 用作用域运算符访问基类成员函数
}
```

该程序的运行结果：

```
This is B x=10
This is A x=20
```

9.2.2 多重继承的声明

多重继承声明的一般格式为：

```
class <派生类名>:<继承方式 1><基类名 1>,…,<继承方式 n><基类名 n>
{
   派生类成员声明;
};
```

其中，冒号后面的部分称为基类表，之间用逗号分开。继承方式规定了派生类以何种方式继承基类成员，仍为 private、protected 和 public。

多继承中，各种继承方式对于基类成员在派生类中的访问权限与单继承的规则相同。

在使用多继承时，对基类成员的访问应无二义性。如果有，则应使用上节介绍的方法加以解决。

9.2.3 多重继承的构造函数和析构函数

多继承时，也涉及到基类成员、对象成员和派生类成员的初始化问题。因此，必要时也要定义构造函数和析构函数。声明多继承构造函数的一般格式为：

```
<派生类名>(参数总表):基类名 1(参数表 1),…,基类名 n(参数表 n),对象成员名 1(对象成员参数表 1),…,对象成员名 m(对象成员参数表 m)
{
      // 派生类新增成员的初始化语句
}
```


多继承的构造函数和析构函数具有与单继承构造函数和析构函数相同的性质和特性。

多继承构造函数和析构函数的执行顺序与单继承的相同，但应强调的是，基类之间的执行顺序是严格按照声明时从左到右的顺序来执行的，与它们在定义派生类构造函数中的次序

无关。

多继承析构函数的声明方法与单继承的相同。

例 9.5　多继承的构造函数和析构函数的实例。

```
#include<iostream.h>
class base1
{
  private:
     int x1;
   public:
     base1(int y1)
      {
        x1=y1;
        cout<<"constructing base1,x1="<<x1<<endl;
      }
      ~base1()
       {  cout<<"destructing base1"<<endl;  }
};
class base2
{
  private:
    int x2;
  public:
    base2(int y2)
     {
       x2=y2;
       cout<<"constructing base2,x2="<<x2<<endl;
     }
    ~base2()
     {  cout<<"destructing base2"<<endl;  }
};
class base3
{
  private:
    int x3;
   public:
     base3()
     {cout<<"constructing base3"<<endl;  }
     ~base3()
      {  cout<<"destructing base3"<<endl;  }
};
class derived:public base2,public base1,public base3
{
```

```
    private:
      base1 o1;
      base2 o2;
      base3 o3;
    public:
      derived(int x,int y,int z,int v):base1(x),base2(y),o1(z),o2(v)
      {   cout<<"constrcting derived"<<endl;   }
};
void main()
{   derived obj(1,2,3,4);   }
```

该程序的运行结果：

```
constructing base2,x2=2
constructing base1,x1=1
constructing base3
constructing base1,x1=3
constructing base2,x2=4
constructing base3
constructing derived
destructing base3
destructing base2
destructing base1
destructing base3
destructing base1
destructing base2
```

读者根据运行结果自行分析。

9.3 虚基类

9.3.1 虚基类的作用

在介绍多继承的概念时已经知道，多继承中要引用派生类的成员时，先在派生类自身的作用域内寻找。若找不到，再到基类中寻找。这时，如果这些基类又有一个共同的基类，派生类访问这个公共的成员时，就有可能由于同名成员的问题而发生二义性。

例 9.6 引入虚基类的例子。


```
#include<iostream.h>
class base
{
    protected:
        int x;
    public:
```

```
        base()
        {  x=100;  }
};
class base1: public base
{
   public:
        base1()
        {  cout<<"constructing base1,x="<<x<<endl;  }
        };
class base2: public base
{
   public:
        base2()
         {  cout<<"constructing base2,x="<<x<<endl;  }
};
class derived:public base1,public base2
{
   public:
    derived()
    {  cout<<"constrcting derived x="<<x<<endl;  }
 };
void main()
{
   derived obj;
}
```

这是一个有问题的程序。表面看起来类 base1 和类 base2 是从同一个基类 base 派生来的，但他们对应的却是基类 base 的两个不同的拷贝。因此，当派生类 derived 要访问变量 x 时不知从哪条路经去寻找，从而引发了二义性问题。非虚基类的类层次图如图 9.1 所示。

虚基类就是为了解决这个问题而引入的。具体的做法是将公共基类声明为虚基类。这样这个公共基类就只有一个拷贝而不会出现二义性了。虚基类的类层次图如图 9.2 所示。

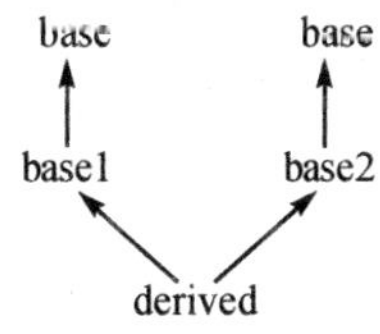

图 9.1　非虚基类的类层次图

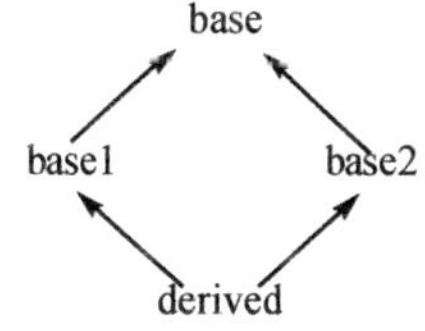

图 9.2　虚基类的类层次图

9.3.2　虚基类的定义

虚基类的声明是在派生类的声明过程中进行的，一般格式为：

class<派生类名>:virtual<继承方式><基类名>

虚基类关键字的作用范围和继承方式与一般派生类的生命周期一样，只对紧跟其后的基类起作用。声明了虚基类以后，虚基类的成员在进一步派生过程中和派生类一起维护同一个内存拷贝。

例 9.7 使用虚基类改写例 9.6。

```
#include<iostream.h>
class base
{
  protected:
     int x;
  public:
     base()
     {   x=100;  }
};
class base1:virtual public base
{
  public:
     base1()
     {  cout<<"constructing base1 x="<<x<<endl;  }
};
class base2:virtual public base
{
  public:
     base2()
      {  cout<<"constructing base2 x="<<x<<endl;  }
};
class derived:public base1,public base2
{
  public:
   derived()
    {  cout<<"constrcting derived x="<<x<<endl;  }
 };
void main()
{
  derived obj;
}
```

程序运行结果为：


```
constructing base1 x=100
constructing base2 x=100
constrcting derived x=100
```

在上例中，由于把公共基类 base 声明为类 base1 和类 base2 的虚基类，所以由类 base1 和类 base2 派生的类 derived 只有一基类 base，从而消除了二义性。

9.3.3　虚基类的构造函数和初始化

虚基类的初始化与一般的多继承的初始化在语法上是一样的，但构造函数的执行顺序不同：

(1)虚基类的构造函数的执行在非虚基类的构造函数之前。

(2)若同一层次中包含多个虚基类，这些虚基类的构造函数按对它们说明的先后次序执行。

(3)若虚基类由非虚基类派生而来，则仍然先执行基类的构造函数，再执行派生类的构造函数。

例 9.8　虚基类构造函数的实例。

```
#include<iostream.h>
class base
{
   private:
     int x;
   public:
     base(int x1)
      {
       x=x1;
       cout<<"constructing base,x="<<x<<endl;
      }
};
class base1:virtual public base
{
     int y;
   public:
     base1(int x1,int y1):base(x1)
     {
       y=y1;
       cout<<"constructing base1,y="<<y<<endl;
     }
};
class base2:virtual public base
{
     int z;
   public:
     base2(int x1,int z1):base(x1)
     {
       z=z1;
       cout<<"constructing base2,z="<<z<<endl;
     }
```

```
};
class derived:public base1,public base2
{
    int xyz;
  public:
    derived(int x1,int y1,int z1,int xyz1):base(x1),base1(x1,y1),base2(x1,z1)
    {
      xyz=xyz1;
      cout<<"constrcting derived xyz="<<xyz<<endl;
}
  };
void main()
{
  derived obj(1,2,3,4);
}
```

运行结果：

```
constructing base,x=1
constructing base1,y=2
constructing base2,z=3
constructing derived,xyz=4
```

上例中虚基类 base 的构造函数只执行了一次。这是因为当派生类 derived 调用了虚基类 base 的构造函数之后，类 base1 和类 base2 对虚基类 base 构造函数调用被忽略了。这也是初始化虚基类和初始化非虚基类的不同。

使用中应注意的几个问题：

(1) 虚基类的关键字 virtual 与继承方式的关键字 private、protected 和 public 的书写位置无关紧要，可以先写虚基类的关键字，也可以先写继承方式的关键字。

(2) 一个基类在作为某些派生了的虚基类的同时也可作为另一些派生类的非虚基类。

(3) 虚基类构造函数的参数必须由最新派生出来的类负责初始化，即使不是直接继承也应如此。

习题九

一、选择题

1. 下列对派生类的描述中，(　　)是错误的。

A. 一个派生类可以作为另一个派生类的基类

B. 派生类至少有一个基类

C. 派生类的成员除了它自己的成员外，还包含了它的基类成员

D. 派生类中继承的基类成员的访问权限到派生类保持不变

2. 派生类的对象对它的哪一类基类成员是可以访问的(　　)。

A. 公有继承的基类的公有成员　　　　B. 公有继承的基类的保护成员

C. 公有继承的基类的私有成员　　D. 保护继承的基类的公有成员

3. 关于多继承二义性的描述，(　　)是错误的。

A. 派生类的多个基类中存在同名成员时，派生类对这个成员访问可能出现二义性

B. 一个派生类是从具有共同的间接基类的两个基类派生来的，派生类对该公共基类的访问可能出现二义性

C. 解决二义性最常用的方法是作用域运算符对成员进行限定

D. 派生类和它的基类中出现同名函数时，将可能出现二义性

4. 多继承派生类构造函数构造对象时，(　　)被最先调用。

A. 派生类自己的构造函数　　B. 虚基类的构造函数

C. 非虚基类的构造函数　　D. 派生类中子对象类的构造函数

5. C＋＋类体系中，能被派生类继承的是(　　)。

A. 构造函数　　B. 虚函数　　C. 析构函数　　D. 友元函数

6. 设有基类定义：

```
class Cbase
{    private: int a;
     protected: int b;
     public: int c;
};
```

派生类采用何种继承方式可以使成员变量 b 成为自己的私有成员(　　)。

A. 私有继承　　B. 保护继承

C. 公有继承　　D. 私有、保护、公有均可

7. 在下面的表达式中，不表示虚继承的是(　　)。

A. virtual public　　B. public virtual　　C. public　　D. virtual

8. 继承具有(　　)，即当基类本身也是某一个类派生类时，底层的派生类也会自动继承间接基类的成员。

A. 规律性　　B. 传递性　　C. 重复性　　D. 多样性

9. 下列对派生类的描述中，错误的是(　　)。

A. 一个派生类可以作为另一个派生类的基类

B. 派生类至少有一个基类

C. 派生类的默认继承方式是 private

D. 派生类只含有基类的公有成员和保护成员

10. 下列对继承的描述中，错误的是(　　)。

A. 析构函数不能被继承

B. 派生类也是基类的组合

C. 派生类的成员除了它自己的成员外，还包含了它的基类的成员

D. 派生类中继承的基类成员的访问权限到派生类保持不变

11. 派生类的对象对它的基类成员中(　　)是可以访问的。

A. 公有继承的公有成员　　B. 公有继承的私有成员

C. 公有继承的保护成员　　D. 私有继承的公有成员

12. 下列说法错误的是(　　)。

A. 公有继承的基类中的 public 成员在派生类中仍是 public 的

B. 公有继承的基类中的 private 成员在派生类中仍是 private 的

C. 私有继承的基类中的 public 成员在派生类中变成 private 的

D. 保护继承的基类中的 public 成员在派生类中变成 protected 的

13. 下面叙述错误的是(　　)。

A. 基类的 protected 成员在派生类中仍然是 protected

B. 基类的 protected 成员在 public 派生类中仍然是 protected 的

C. 基类的 protected 成员在 private 派生类中是 private 的

D. 基类的 protected 成员不能被派生类的对象访问

14. C++类体系中,不能被派生类继承的有(　　)。

A. 构造函数　　B. 静态成员函数

C. 非静态成员函数　　D. 赋值操作函数

二、读程序题

1.

```
#include<iostream.h>
class point
{
private:
    int x,y;
public:
    point(int a,int b)
    {x=a;y=b;}
    int getx(){return x;}
    int gety(){return y;}
};
class circle:public point
{
private:
    int r;
public:
    circle(int a,int b,int c):point(a,b)
    {r=c;}
    int getr(){return r;}
    float area(){return 3.14159*r*r;}
};
void main()
{
    circle c(5,7,9);
    cout<<"圆心为:("<<c.getx()<<","<<c.gety()<<")"<<endl;
    cout<<"半径为:"<<c.getr()<<endl;
```

```
    cout<<"面积为:"<<c.area()<<endl;
}
```

2.

```
#include "iostream.h"
#include "string.h"
class D
{ private:
    char name[20];
  public:
    D(char n[])
    {strcpy(name,n);}
    void print()
    {cout<<name<<endl;}
};
class B:public D
{
private:
    int p;
  public:
    B(char n[],int m);
   void print()
    {   D::print();   cout<<p<<endl;   }
};
B::B(char n[],int m):D(n)
{p=m;}
void main()
{
D d("li");
  B b("Wang",95);
d.print();
 b.print();
}
```

3.

```
#include<iostream.h>
class M
{
public:
    M(){m1=m2=0;}
    M(int i,int j){m1=i;m2=j;}
    void print(){cout<<m1<<","<<m2<<",";}
    ~M(){cout<<"M's destructor salled.\n";}
```

```
private:
    int m1,m2;
};
class N:public M
{
public:
    N(){n=0;}
    N(int i,int j,int k);
    void print(){M::print();cout<<n<<endl;}
    ~N(){cout<<"N's destructor called.\n";}
private:
    int n;
};
N::N(int i,int j,int k):M(i,j),n(k)
{}
void main()
{
    N n1(5,6,7),n2(-2,-3,-4);
    n1.print();
    n2.print();
}
```

4.

```
#include<iostream.h>
class B1
{
public:
    B1(int i)
    {b1=i;    cout<<"constructor B1."<<i<<endl;}
    ~B1(){cout<<"destructor B1."<<endl;}
    void print(){cout<<b1<<endl;}
private:
    int b1;
};
class B2
{
public:
    B2(int i)
    {    b2=i;    cout<<"constructor B2."<<i<<endl;}
    ~B2(){cout<<"destructor B2."<<endl;}
    void print(){cout<<b2<<endl;}
private:
    int b2;
```

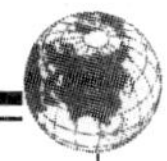

```
};
class B3
{
public:
    B3(int i)
    {    b3=i;    cout<<"constructor B3. "<<i<<endl;}
    ~B3(){cout<<"destructor B3. "<<endl;}
    int getb3(){return b3;}
private:
    int b3;
};
class A:public B2,public B1
{
    public:
    A(int i,int j,int k,int l):B1(i),B2(j),bb(k)
    {    a=1;    cout<<"counstructor A. "<<l<<endl;}
    ~A(){cout<<"destructor A. "<<endl;}
    void print()
    {    B1::print();B2::print();cout<<a<<","<<bb. getb3()<<endl;}
private:
    int a;
    B3 bb;
};
void main()
{
    A aa(1,2,3,4);
    aa. print();
}
```

三、编程题

1. 声明一个 Shape 基类，在此基础上派生出 Rectangle 和 Circle 类，二者都有 GetArea()函数计算对象的面积。使用 Rectangle 类创建一个派生类 Square。

2. 建立一个基类 Building，用来存储一座楼房的层数、房间数以及它的总面积。建立派生类 Housing，继承 Building，并存储下面的内容：卧室和浴室的数量，另外，建立派生类 Office，继承 Building，并存储灭火器和电话的数目。然后，编制应用程序，建立住宅楼对象和办公楼对象，并输出它们的有关数据。

3. 声明一个哺乳动物 Mammal 类，再由此派生出狗 Dog 类，声明一个 Dog 类的对象，观察基类与派生类的构造函数与析构函数的调用顺序。

4. 定义一个基类有姓名、性别、年龄，再由基类派生出教师类和学生类。教师类增加工号、职称和工资；学生类增加学号、班级、专业和入学成绩。

第10章 多态性和虚函数

面向对象的系统常常要求一组具有相同基本语义的方法能在同一接口下为不同的对象服务，这就是所谓的多态性(polymorphism)。

所谓多态性是指发出同样的消息被不同类型的对象接收时导致完全不同的行为，即指相同的函数名对应不同的实现。多态性可分为两类：编译时的多态性(静态联编)和运行时的多态性(动态联编)。编译时的多态性通过函数重载、运算符重载和模板体现；运行时的多态性则是通过虚函数体现的，是本章要介绍和讨论的重点。

10.1 函数重载

先来举一个现实生活中的例子。例如，任何一辆汽车都有方向盘、换挡操纵杆以及用于控制的离合器、制动装置和油门的三个踏板，而且它们的相对位置关系是固定不变的。换句话说，不管汽车在内部构造和运行原理方面有多大的不同，操纵汽车的“接口”是不变的；因此，只要学会驾驶一种汽车，也就学会了驾驶任何类型的汽车。再如，在一般高级语言中，通过“+”操作可以实现两个整数的加法运算，也可以实现两个实数的加法运算，这也是一种多态性的体现。

所谓函数重载简单地讲就是赋给同一个函数名多个含义。C++中允许在相同的作用域内以相同的名字定义不同实现的函数，可以是成员函数，也可以是非成员函数。关于非成员函数的重载在前面的章节中已经介绍过。本小节讨论成员函数重载问题。

下面分析一个对构造函数进行重载的例子。

例 10.1 定义一个 string 类，对其中的构造函数进行重载。

```
#include<iostream.h>
#include<string.h>
class string
{
public:
    string(char *s);              // 构造函数
    string(string &s1);           // 复制构造
    string(int size=80);          // 构造函数重载
    ~string() {delete sp;}
    int getlen() {return length;}
    void print() {cout<<sp<<endl;}
private:
    char *sp;
    int length;
```

```
};
string::string(char * s)
{
    length=strlen(s);
    sp=new char[length+1];
    strcpy(sp,s);
}
string::string(string &s1)
{
    length=s1.length;
    sp=new char[length+1];
    strcpy(sp,s1.sp);
}
string::string(int size)
{
    length=size;
    sp=new char[length+1];
    * sp='\0';
}
void main()
{
    string str1("This is a demo.");
    str1.print();
    cout<<str1.getlen()<<endl;
    char * s1="That is a program.";
    string str2(s1);
    string str3(str2);
    str3.print();
    cout<<str3.getlen()<<endl;
}
```

执行该程序输出结果如下：

```
This is a demo.
15
That is a program.
18
```


说明：

在 string 类中，定义了三个同名构造函数 string()，显然这里重载了构造函数。这三个函数虽然具有相同的函数名，但它们的参数类型不同。一个是 char * 型，一个是 string & 型，另一个是 int 型。因此，它们重载是有意义的。本例题充分说明了不但普通成员函数可以重载，构造函数也可以重载。构造函数重载给初始化带来了更大的灵活性。

10.2 运算符重载

10.2.1 运算符重载的必要性

运算符重载就是赋予已有的运算多重含义。例如,大多数语言中,运算符“-”既可以表示两个数的相减运算,又可以表示取某个数的相反数;既可以针对整型数据,又可以针对实型数据,还可以针对指针等其他类型的数据。C++进一步拓展了运算符重载的概念:它不但提供固有的重载,而且还提供重载的手段。这样,像对待一般重载函数一样,编译系统能够依据使用运算符的不同环境,即参数的数量或类型的差异,区分同一运算符的不同含义。

10.2.2 运算符重载的规则

运算符重载是针对C++中原有运算符进行的,不可能通过重载创造出新的运算符。除了.,.*,->*,::,?:这五个运算符之外,其他运算符都可以重载。由于很多符号是一元运算符和二元运算符公用的(如“-”既可用于两数相减,也可以用于对一个数取反),为了避免含混不清,不得为重载的运算符设置缺省值,调用时也就不得省略实参。

除了 new 和 delete 这两个运算符之外,任何运算符如果作为成员函数重载时不得重载为静态函数。=,[],(),->以及所有的类型转换运算符只能作为成员函数重载,而且不能是针对枚举类型操作数的重载。

运算符重载要遵循“4 个不变”原则:第一,不能改变原运算符的优先级;第二,不能改变原运算符的结合性;第三,不能改变原运算符的操作数个数;第四,不能改变原运算符的语法语义。

运算符重载虽然可以给程序带来很大便捷。但是,运算符重载使用不宜过多,否则会带来一定的麻烦。当重载运算符时,应遵循被重载的运算符含义必须清楚,并且不能给程序带来二义性的原则。

10.2.3 运算符重载的实例

运算符函数的函数名是由运算符前加关键字 operator 构成的。在声明运算符或调用运算符时都可以用这个名称。由于这个原因,可以用两种不同的形式调用运算符函数:成员函数形式和友元函数形式。这两种形式都可以访问类中的私有成员。

假定已经作为某个类的成员函数重载了二元运算符“+”,且 c1,c2 都是该类的对象,则

```
c1.operator+(c2)
```

与

```
c1+c2
```

含义相同。如果“+”作为该类的友元函数重载,则

```
operator+(c1,c2)
```

与

c1＋c2

含义相同。

从上面的例子可以看出，作为成员函数重载时，第一操作数就是对象本身，并不显式地出现在参数表中。而作为非成员函数重载时，第一操作数就会以参数的身份出现在运算符重载函数中了。

当然，应当尽可能采用 c1＋c2 这样的形式来调用重载的运算符函数。这也正是重载操作符的目的。像 c1. operator＋(c2)这样的调用形式，只须注重其理论意义就可以了，在实际的程序设计中很少这样用。

下面通过分数类 fraction 的例子来讨论一下典型运算符的重载问题。

fraction 的声明和定义包含在头文件 fraction. h 和程序文件 fraction. cpp 中。这两个文件的清单如下：

文件 fraction. h：

```
#ifndef fractionH
#define fractionH
using namespace std;
class fraction{
        long num;                       // 分子
        long den;                       // 分母
        void standardize();             // 分数标准化函数
public:
        fraction(long n=0,long d=1);
……
};
#endif
```

文件 fraction. cpp：

```
#include "fraction.h"
#include <cmath>
static long gcd(long m1,long m2){    // 求最大公约数
    while(m2){
        long m=m1;
        m1=m2;
        m2=m%m2;
    }
    return labs(m1);
}
void fraction::standardize{              // 分数标准化
    if(num==0L||den==0L){          // 确保分母不为 0
        num=0L;
        den=1L;
        return;
```

```
    }
    if(del<0L){                         //分数的符号用分子的符号表示
        num=-num;
        den=-den;
    }
    long g=gcd(num,den);                //总表示为最简分数
    num/=g;
    den/=g;
}
fraction::fraction(long n,long d):num(n),den(d){
    standardize();
}
……
```

这两个文件的清单都不完整，本节将逐步对之进行补充和完善。

设计 fraction 的目标是在 int,double 等的基础上为 C++再增加一个表示分数的数据类型。它能把 3/4 这样的格式输出或输入，能完成分数的加、减、乘、除等运算。例如，想求 2/3+4/5时，可以像下面这样来使用 fraction：

```
fraction f1,f2(2,3),f3(4,5);
f1=f2+f3;
cout<<f1;
```

一个标准的分数须满足以下条件：

(1) 分母永远为正，分数的符号用分子表示；

(2) 分子分母互质，即总表示为最简分数。

fraction 通过两个私有数据成员 num 和 den 分别保存分子和分母，并在必要时调用 standardize 函数进行标准化处理，以使 num 和 den 的值满足标准分数的条件。gcd 是求两个整数的最大公约数的函数，standardize 在化简分数时要调用它。

例 10.2 重载取负运算符"-"。

因为 fraction 用分子的符号代表整个分数的符号，因此"取负"只须对分子 num 取负就可以了。由于取负运算符"-"是一元运算符，当作为成员函数重载时没有参数，因此，只需要在 fraction.h 的类声明中增加：

```
fraction operator-()const{return fraction(-num,den);}
```

就可以了。

如果把取负运算符作为非成员函数重载时，那个唯一的操作数变必须出现在参数表中，例如(假定实现为 inline 函数)：


```
friend fraction operator-(fraction f){
    return fraction(-f.num,f.den);
}
```

例 10.3 重载加法运算符"+"。

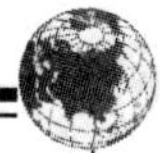

“+”是一个二元运算符，因此作为成员函数重载时，参数表中只有一个参数，对应于第二操作数，而第一操作数就是对象本身。为在 fraction 中作为成员函数重载“+”，需要在 fraction. h 的类声明中增加：

```
fraction operator+(fraction) const;
```

然后在文件 fraction. cpp 中实现如下：

```
fraction fraction::operator+(fraction f) const{
return fraction(num * f. den+den * f. num,den * f. den);
}
```

return 语句调用构造函数生成一个新的分数。在此过程中构造函数还会调用 standarize 函数将新生成的分数化为最简分数。

如果将“+”作为友元函数来实现重载，则两个操作数都应出现在参数表中。fraction. h 的类声明中须增加：

```
friend fraction operator+(fraction,fraction);
```

然后在文件 fraction. cpp 中实现如下：

```
fraction operator+(fraction f1,fraction f2) const{
return fraction(f1. num * f2. den+f1. den * f2. num,f1. den * f2. den);
}
```

例 10.4　重载自加运算符“++”。

为了区分自加运算符的前缀和后缀问题，重载这两个运算符时必须在格式上有所区别：重载后缀++时必须多一个虚拟参数：int，因此从形式上看像是一个二元运算符重载。在 fraction. h 的类声明中增加：

```
// 前缀++
fraction &operator ++(){
    num+=den;
    return * this;
}
// 后缀++,int 是一个虚拟参数
fraction operator ++(int){
    num+=den;
    return fraction(num-den,den);
}
```

在前缀++函数重载中，函数的返回值类型为 fraction &，这是声明函数的返回值类型为引用。一般适用于返回值是一个大型类对象引用或指针返回类型，它的效率要比按值返回类对象的效率高得多。如果返回值的类型声明为引用，则一定会有 return * this 这种形式的语句出现。其中，this 是一个指向对象本身的隐藏指针。对于前缀++，其操作结果仍然是通过所作用的变量提供的，因此所返回的操作结果就是对该变量的引用。

如果要将 fraction 中的前缀++和后缀++作为友元函数重载，那个唯一的操作数必须作为第一个参数提供，例如：

```
// 前缀++
friend fraction &operator ++(fraction &f){
    f.num+= f.den;
    return f;
}
// 后缀++,int是一个虚拟参数
friend fraction operator ++(fraction &f,int){
    f.num+= f.den;
    return fraction(f.num- f.den, f.den);
}
```

注意，由于要修改第一操作数，对应的参数必须声明为引用。

重载运算符“--”也可以仿照这里描述的方法。

例 10.5 重载类型转换符“long”。

类型转换符必须作为成员函数重载。由于运算符本身已经表示出返回值类型，因此不需要返回值类型的声明。一个分数可以看成是由一个整数部分和一个纯分数部分组成的，如8/5的整数部分为1，纯分数部分为3/5。所以，可在fraction.h的类声明增加：

```
operator long() const {return num/den;}
```

num/den是整数除法，它的商就是所需要的那个整数部分。有了这样的重载操作符，若执行

```
fraction f(8,5);
cout<<long(f);
```

将会输出1。

其他类型转换符可仿照这里描述的方法重载。

注意：有的“类型转换符”是由多个符号组成的，如const char *，将其重载时的函数名即为operator const char *。

例 10.6 重载赋值运算符“=”。

赋值运算符只能作为成员函数重载，需在fraction.h的类声明中插入下面的定义：

```
fraction & operator =(fraction f){
    num=f.num;
    den=f.den;
    return *this;
}
```


实际上，即使没有重载赋值运算符，仍然可以使用运算符“=”。默认的赋值操作就是同类对象之间对应成员的逐一赋值。常见的真正需要重载赋值运算符的情况是：类中包含指向动态空间的指针。如字符串类string的例子就说明了这个道理。string类的声明如下：

```
class string{
    char *p;
public:
```

```
    string(const char * c=NULL);
    ……
};
string::string(const char * c=NULL){
    if(c==NULL) p=NULL;
    else{
        p=new char[strlen(c)+1];
        strcpy(p,c);
    }
}
……
```

利用这个类就可以定义 string 对象 s1 和 s2：

```
string s1("This is a string"),s2;
```

然后执行赋值语句

```
s2=s1;
```

虽然表面上看，好像是通过实现了 s1 复制给了 s2，使 s2. p 成了 s1. p 的副本，但同时也正好说明了它们指向的是同一字符串空间。这样的复制称为浅层复制(shallow copy)，如图 10. 1所示。

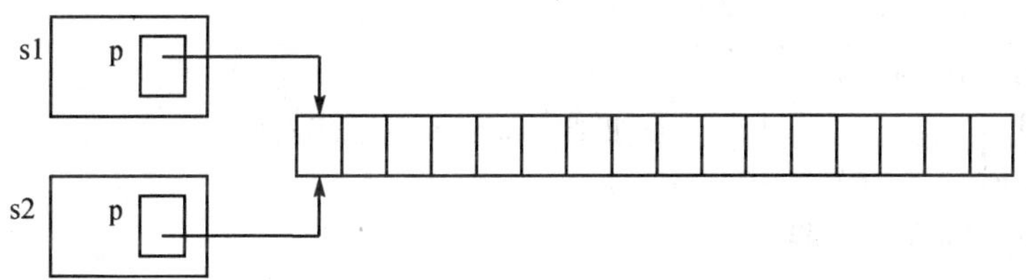

图 10. 1　STRING 的"浅层复制"

为了实现真正意义上的复制，即让赋值后的 s2 真正成为 s1 的副本，必须重载专门的赋值运算符。在 STRING 的类型中增加：

```
STRING & operator =(const STRING &s){
    if(&s==this) return * this;      // 对象与被赋值对象为同一个对象的情况
    if(p) delete []p;                // 被赋值对象占用了动态空间的情况
    if(s. p==NULL) p=NULL;
    else{
        p=new char[strlen(s. p)+1];
        strcpy(p,s. p);
    }
    return * this;
}
```

这样，我们就可以实现真正意义上的"深层复制"(deep copy)，如图 10. 2 所示。

例 10. 7　重载下标运算符"[]"。

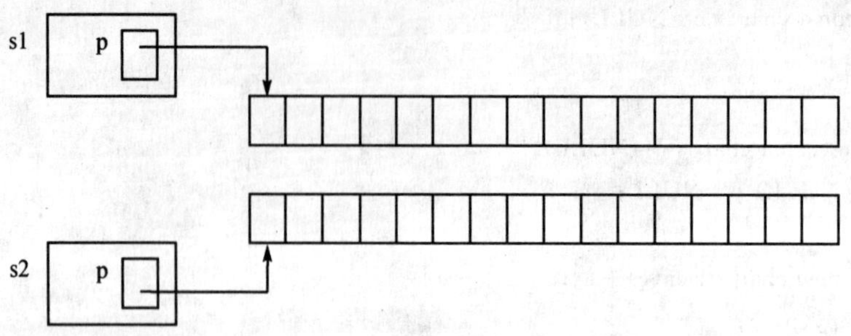

图 10.2 STRING 的"深层复制"

```
#include<iostream.h>
class array
{
    int x[10];
public:
    array(){};
    int &operator[](int i){return x[i];};
};
void main()
{
    int i;
    array a;
    for(i=0;i<10;i++)
        a[i]=i;                    // 相当于 a.operator[](i);语句
    for(i=0;i<10;i++)
        cout<<a[i]<<'\t';
    cout<<endl;
}
```

程序的运行结果如下:

```
0	1	2	3	4	5	6	7	8	9
```

注意:下标运算符"[]"只能作为成员函数重载,必须是非 static 类的成员函数。该函数只能带一个参数,不可带多个参数。

10.3 静态联编和动态联编

联编是将被调用的函数连接编译到调用它的程序中,是指一个计算机程序自身彼此关联的过程。按照联编所进行的阶段不同,联编有两种:一种是静态联编,另一种是动态联编。

10.3.1 静态联编

静态联编是在编译阶段进行联编的,又称早期联编,因为这种联编是在程序开始运行之前完成的。

因为是编译时就解决了程序中的操作调用与执行该操作代码之间的关系，因此，这种联编关系又被称为束定，在编译时的束定又称为静态束定。

例 10.8　静态联编的例子。

```
#include <iostream.h>
class Point
{
public:
    Point(double i,double j){x=i;y=j;}
    double Area() const{return 0.0;}
private:
    double x,y;
};
class circle:public Point
{
public:
    circle(double i,double j,double k);
    double Area() const{return 3.14 * r * r;}
private:
    double r;
};
circle::circle(double i,double j,double k):Point(i,j)
{
    r=k;
}
void fun(Point &s)
{
    cout<<s.Area()<<endl;
}
void main()
{
  circle rec(3.0,5.2,15.0);
  fun(rec);
}
```

程序的运行结果：

```
0
```

程序的输出结果表明，并没有得到预期实现计算圆的面积。这是因为 fun()函数中，s 所引用的对象执行的 Area()操作被关联到 Point::Area()的实现代码上。这是静态联编的结果。

10.3.2　动态联编

为了实现例 10.8 的目的，可以采用动态联编的方式来重新编写程序。动态联编和静态联编也都属于多态性。它们是在不同阶段对不同实现进行不同的选择。动态联编是在运行阶段进行联编的，又称晚期联编。通常都是静态联编，只有满足一定条件时才会实现动态联编。动态联编是在虚函数的支持下实现的。

动态联编的实现是有条件的：

(1)公有继承是基础；

(2)虚函数是关键；

(3)对象指针或引用作为引导。

下面介绍一个虚函数的相关知识。

10.4 虚函数

虚函数是动态联编的基础。虚函数是成员函数，而且是非 static 的成员函数。虚函数的声明方法如下：

```
class  类名
{……
      virtual  类型  函数名(参数表);
}
```

下面重新用动态联编实现例 10.8 的计算圆面积的目的。

例 10.9　动态联编的例子。

```
#include <iostream.h>
class Point
{
public:
    Point(double i,double j){x=i;y=j;}
    virtual double Area() const{return 0.0;}
private:
    double x,y;
};
class circle:public Point
{
public:
    circle(double i,double j,double k);
    virtual double Area() const{return 3.14*r*r;}
private:
    double r;
};
circle::circle(double i,double j,double k):Point(i,j)
{
    r=k;
}
```

```
void fun(Point &s)
{
cout<<s.Area()<<endl;
}
void main()
{
circle rec(3.0,5.2,15.0);
fun(rec);
}
```

程序运行结果：

```
706.5
```

如期计算出了圆的面积。而对程序只是做了小小的改动。将两个 Area()函数前面加了关键字 virtual，声明为了虚函数。派生类 circle 中的虚函数 Area()在程序执行时替换了基类 Point 的虚函数 Area()。所以 s 对象引用的是派生类 circle 的 Area()。

虚函数在使用时应注意：

(1) 当一个类的成员函数声明为虚函数后，意味着该成员函数在派生类中可能有不同的实现。即该函数在派生类中可能需要定义与其基类虚函数原型相同的函数(派生类中的仍然是虚函数)。

(2) 虚函数可以在一个或多个派生类中被重新定义，但它要求在派生类中重新定义时必须与基类中的函数原型完全相同，包括函数名、返回值类型和参数类型的顺序。

(3) 只有类的成员函数才能声明为虚函数，但类的构造函数以及全局函数和静态成员函数不能声明为虚函数。

(4) 基类的指针可以指向该基类的不同派生类对象，因此存在需要动态联编的可能性，但具体是否使用动态联编，还要看所调用的是否是虚函数。

(5) 在 C++程序中，一般在基类定义处理问题的接口和数据元素，在派生类中定义具体的处理方法。基类中将处理问题的接口设计为虚函数，然后利用基类对象用动态连接方式调用虚函数，从而达到同一接口、多种功能的目的。

(6) 若不同派生类中虚函数的参数个数不同，则可利用缺省函数参数的设置功能，将该函数不需要的参数设置为缺省参数，解决了参数个数不匹配的问题。

下面再看一个指针指向虚函数的例子。同样采用动态联编。

例 10.10　指针指向虚函数的例子。

```
#include <iostream.h>
class A
{
public:
    virtual void f(){cout<<"A::f() called.\n";}
};
class B:public A
{
```

```
public:
    virtual void f(){cout<<"B::f() called\n";}
};
void main()
{
B b;
A &r=b;
void (A::*pf)()=A::f;                    // 指向成员函数的指针 pf,指向的是虚函数
(r.*pf)();                               // 动态联编,束定到 B::f()
}
```

程序运行结果：

```
B::f() called
```

程序中定义了一个指向成员函数的指针 pf,首先指向的是 A::f,但在语句(r.*pf)();中将它束定到了 B::f,因此得到了上述结果。

10.5 纯虚函数和抽象类

10.5.1 纯虚函数

纯虚函数是一种特殊的虚函数。在基类中只给出说明,而在派生类中给出定义的虚函数称纯虚函数。

纯虚函数在基类中的一般说明格式：

```
class 类名
{
    virtual 类型 函数名(参数表)=0;
}
```

声明了纯虚函数的基类只是用于继承,仅作为一个接口,具体功能在派生类中实现。

例 10.11 纯虚函数的例子。

```
#include <iostream.h>
class point
{
public:
    point(int i=0,int j=0){x0=i;y0=j;}
    virtual void set()=0;                // 纯虚函数
    virtual void draw()=0;               // 纯虚函数
protected:
    int x0,y0;
};
class line:public point
{
```

```
public:
    line(int i=0,int j=0,int m=0,int n=0):point(i,j)
    {
        x1=m;y1=n;
    }
    void set(){cout<<"line::set() called.\n";}          // 虚函数
    void draw(){cout<<"line::draw() called.\n";}        // 虚函数
protected:
    int x1,y1;
};
class ellipse:public point
{
public:
    ellipse(int i=0,int j=0,int p=0,int q=0):point(i,j)
    {
        x2=p;y2=q;
    }
    void set(){cout<<"ellipse::set() called.\n";}       // 虚函数
    void draw(){cout<<"ellipse::draw() called.\n";}     // 虚函数
protected:
    int x2,y2;
};
void drawobj(point *p)
{
    p->draw();
}
void setobj(point *p)
{
    p->set();
}
void main()
{
    line *lineobj=new line;
    ellipse *elliobj=new ellipse;
    drawobj(lineobj);
    drawobj(elliobj);
    cout<<endl;
    setobj(lineobj);
    setobj(elliobj);
    cout<<"\nredraw the object...\n";
    drawobj(lineobj);
    drawobj(elliobj);
```

```
}
```

程序的运行结果：

```
line::draw() called.
ellipse::draw() called.

line::set() called.
ellipse::set() called.

redraw the object ...
line::draw() called.
ellipse::draw() called.
```

程序中，类 point 中说明了两个纯虚函数 set()和 draw()。在 point 类的两个派生类 line 和 ellipse 中，有两个虚函数，它们分别有各自的实现。该程序实现了动态联编，drawobj()和 setobj()两个函数的参数是类对象的指针。它们在运行时进行选择联编到哪一个具体的对象上。

注意：一个基类内有一个纯虚函数时，则在它的派生类中至少有一个虚函数，否则纯虚函数是无意义的。

10.5.2 抽象类

包含纯虚函数的类叫抽象类。抽象类必须用做派生其他类的基类，而不能直接创建对象实例，但可以使用抽象类的指针。

抽象类的主要作用是将有关的组织在一个继承层次结构中，由它来为它们提供一个公共的根，相关的子类是从这个根派生出来的。它刻画了一组子类的操作接口的通用语义，一般而言，抽象类只描述这组子类共同的操作接口，而完整地实现留给子类。

例 10.12 编写一个用于计算各类形状的总面积。

```
#include<iostream.h>
class shape
{
  public:
  virtual float area()=0;                              // 纯虚函数
};

// 三角形
class triangle:public shape
{
  protected:
  float H,W;
  public:
  triangle(float h,float w){H=h;W=w;}
  float area(){return H*W*0.5;}                        // 纯虚函数重用
```

```
};
// 长方形
class rectangle:public triangle
{
public:
  rectangle(float h,float w):triangle(h,w){}
  float area(){return H * W;}                  // 纯虚函数重用
};
// 圆面积
class circle:public shape
{
protected:
  float radius;
public:
  circle(float r){radius=r;}
  float area(){return radius * radius * 3.14;}   // 纯虚函数重用
};
// 求总面积
float total(shape *s[],int n)
{
float sum=0;
    for(int i=0;i<n;i++)
    sum+=s[i]->area();
return sum;
}
void main()
{
shape *s[4];                                   // 基类型数组指针
s[0]=new triangle(3.0,4.0);
s[1]=new rectangle(2.0,4.0);
s[2]=new circle(5.0);
s[3]=new circle(8.0);
float sum=total(s,4);
cout<<sum<<endl;
}
```

程序运行结果：

```
293.46
```

由于不能确定该程序处理的具体形状面积，可以先定义一个带有纯虚函数的抽象 shape 类。纯虚函数的具体代码则由各个不同的派生类给出，计算不同形状的面积。

10.6　虚析构函数

为了能够使程序执行时，内存的空间及时得到释放，将析构函数可以定义为虚析构函数。

声明虚析构函数时，只需在析构函数前加关键字 virtual 即可。

```
class A
{
public:
    virtual ~A();
    ......
};
```

基类中的析构如果为虚析构函数，则派生类中的析构都是虚析构。通过动态联编的方式调用虚拟析构函数。

说明虚析构函数的目的在于在使用 delete 运算符删除一个对象时，能确保析构函数被正确地执行。因为设置虚析构函数后，可以采用动态联编方式选择析构函数。

例 10.13 分析程序的运行结果。

```
#include <iostream.h>
class A
{
 public:
     virtual ~A(){cout<<"A::~A() destructor called.\n";}    // 去掉 virtual 结果如何
};
class B:public A
{
 public:
    B(int i){buf=new char[i];}
    virtual ~B()
    {
        delete [] buf;
        cout<<"B::~B() destructor called.\n";
    }
private:
    char * buf;
};
void fun(A * a)
{
    delete a;
}
void main()
{
    A * a=new B(21);
    fun(a);
}
```

程序运行结果：

B::~B() destructor called.

A::~A() destructor called.

如果类 A 中不用虚析构函数，则输出结果为：

A::~A() destructor called.

当基类是普通析构时，delete 隐含着对析构函数的调用，故产生 A::~A() called；当基类是虚析构时，采用动态联编，delete 隐含着对基类析构和派生类析构函数的调用。这充分说明，在执行 fun(a)函数中的 delete a；语句时，采用了动态联编，调用它基类的析构函数，因此出现上述结果。

此例说明，可以通过基类指针调用派生类的虚析构函数。对象所占用的内存资源被完全释放。若基类中的析构为普通函数，则派生类的对象空间不会被释放。

习题十

一、选择题

1. 下列函数中，(　　)不能重载。

A. 非成员函数　　B. 成员函数　　C. 析构函数　　D. 构造函数

2. 下列关于多态性说法不正确的是(　　)。

A. 多态性是指同名函数对应多种不同的实现

B. 多态性表现为重载和覆盖两种方式

C. 重载方式仅有函数重载

D. 重载方式包含函数重载和运算符重载

3. 下列函数中，(　　)不能重载。

A. 成员函数　　B. 非成员函数　　C. 构造函数　　D. 析构函数

4. 虚函数必须是类的(　　)。

A. 成员函数　　B. 友元函数　　C. 构造函数　　D. 析构函数

5. 关于虚函数，下列表述正确的是(　　)。

A. 如果在重定义虚函数时使用了保留字 virtual，则该重定义函数仍然是虚函数

B. 虚函数不得声明为静态函数

C. 虚函数不得声明为另一个类的友元函数

D. 派生类必须重新定义基类的虚函数

6. 关于纯虚函数，下列表述正确的是(　　)。

A. 纯虚函数是没有给出实现版本(即无函数体定义)的虚函数

B. 纯虚函数的声明总是以“=0；”结束

C. 派生类必须实现基类的纯虚函数

D. 含有纯虚函数的类不可能是派生类

7. 多态调用是指(　　)。

A. 以任何方式调用一个虚函数

B. 以任何方式调用一个纯虚函数

C. 借助于指向对象的基类指针或引用调用一个虚函数

D. 借助于指向对象的基类指针或引用调用一个纯虚函数

8. 关于抽象类,下列表述正确的是(　　)。

A. 抽象类的成员函数中至少有一个是没有实现的函数(即一个定义的函数)

B. 派生类必须实现作为基类的抽象类中的纯虚函数

C. 派生类不可能成为抽象类

D. 抽象类不能用来定义对象

9. 下列运算符中,(　　)个运算符不能重载。

A. &&　　B. []　　C. ::　　D. new

10. 下列关于运算符重载的描述中,(　　)是正确的。

A. 运算符重载可以改变操作符的个数

B. 运算符重载可以改变优先级

C. 运算符重载可以改变结合性

D. 运算符重载不可以改变语法结构

11. 关于动态联编的下列描述中,(　　)是错误的。

A. 动态联编是以虚函数为基础的

B. 动态联编是在运行时确定所调用的函数代码的

C. 动态联编调用函数操作是用指向对象的指针或是对象的引用

D. 动态联编是在编译时确定操作函数的

12. 关于虚函数的描述中,(　　)是正确的。

A. 虚函数是一个静态类型的成员

B. 虚函数是一个非成员函数

C. 基类中说明了虚函数之后,派生类中将其对应的函数可不必说明为虚函数

D. 派生类的虚函数与基类的虚函数具有不同的参数个数和类型

13. 关于纯虚函数和抽象类的描述中,(　　)是错误的。

A. 纯虚函数是一种特殊的虚函数,没有具体实现

B. 抽象类是指具有纯虚函数的类

C. 抽象类可以定义对象

D. 抽象类只能作为基类来使用,其纯虚函数的实现由派生类给出

14. 下列描述中为抽象类的最主要特征的是(　　)。

A. 可以说明虚函数　　B. 可以进行构造函数的重载

C. 可以定义友元　　D. 不能说明其对象

15. 含有纯虚函数的类称为(　　)。

A. 基类　　B. 派生类　　C. 子类　　D. 抽象类

二、读程序写结果

1.

```
#include <iostream.h>
class complex
{
```

```
public:
    complex(){real=imag=0;}
    complex(double r,double i)
    {
        real=r;imag=i;
    }
    friend complex operator +(const complex &c,const complex &c2);
    friend complex operator -(const complex &c,const complex &c2);
    friend void print(const complex &c);
private:
    double real,imag;
};
complex operator +(const complex &c1,const complex &c2)
{
    return complex(c1.real+c2.real,c1.imag+c2.imag);
}
complex operator -(const complex &c1,const complex &c2)
{
    return complex(c1.real-c2.real,c1.imag-c2.imag);
}

void print(const complex &c)
{
    if(c.imag<0)
        cout<<c.real<<c.imag<<'i';
    else
        cout<<c.real<<'+'<<c.imag<<'i';
}
void main()
{
    complex c1(2.0,3.0),c2(4.0,-2.0),c3;
    c3=c1+c2;
    cout<<"\nc1+c2=";
    print(c3);
    c3=c1-c2;
    cout<<"\nc1-c2=";
    print(c3);
}
```

2.

```
#include<iostream.h>
class clock
{
```

```
public:
    clock(int h=0,int m=0,int s=0);
    showtime();
    operator++();                          // 前置
    operator++(int );                      // 后置
private:
    int h,m,s;
};
clock::clock(int new_h,int new_m,int new_s)
{
if(0<=new_h&&new_h<=24&&0<=new_m&&new_m<=60&&0<=new_s&&new_s<=60)
    {
        h=new_h;
        m=new_m;
        s=new_s;
    }
    else
        cout<<"time error!"<<endl;
}
clock::showtime()
{
    cout<<h<<":"<<m<<":"<<s<<endl;
    return 0;
}
clock::operator++()                        // 前置单目运算符重载
{
    s++;
    if(s>=60)
    {
        s=s-60;
        m++;
        if(m>=60)
        {
            m=m-60;
            h++;
            h=h%24;
        }
    }
    cout<<"++clock:";
}
clock::operator++(int)                     // 后置单目运算符重载,注意参数表中的 int
{
    s++;
```

```
    if(s>=60)
    {
        s=s-60;
        m++;
        if(m>=60)
        {
            m=m-60;
            h++;
            h=h%24;
        }
    }
    cout<<"clock++:";
}
void main()
{
    clock myclock(23,59,59);
    cout<<"first time show:";
    myclock.showtime();
    myclock++;
    myclock.showtime();
    ++myclock;
    myclock.showtime();
}
```

3.

```
#include<iostream.h>
class array
{
    int x[10];
public:
    array(){};
    int &operator[](int i){return x[i];};
};
void main()
{
    int i;
    array a;
    for(i=0;i<10;i++)
        a[i]=i;// a.operator[](i)
    for(i=0;i<10;i++)
        cout<<a[i]<<'\t';
    cout<<endl;
}
```

4.

```
#include <iostream.h>
class F
{
public:
    double operator ()(double x,double y) const;
};
    double F::operator ()(double x,double y) const
{
    return (x+5) * y;
}
void main()
{
    F f;
    cout<<f(1.5,2.2)<<endl;
}
```

三、编程题

1.利用重载运算符实现复数类对象的四则运算。

2.将下面的程序改为动态联编,并分析程序运行结果。

```
#include <iostream.h>
class Point
{
public:
    Point(double i,double j){x=i;y=j;}
    double Area() const{return 0.0;}
private:
    double x,y;
};
class Rectangle :public Point
{
public:
    Rectangle(double i,double j,double k,double l);
    double Area() const {return w * h;}
private:
    double w,h;
};
Rectangle::Rectangle(double i,double j,double k,double l):Point(i,j)
{
    w=k;h=l;
}
void fun(Point &s)
```

```
{
    cout<<s.Area()<<endl;
}
void main()
{
    Rectangle rec(3.0,5.2,15.0,25.0);
    fun(rec);
}
```

3. 声明一个 shape 抽象类，在此基础上派生出 2D 和 3D 类。用虚函数 print_type( )输出每类的类型和维数，两类中都用 area，volume 来计算类层次结构中每个具体类对象的面积和体积。编写一个程序测试类 shape 的层次结构。

4. 试建立一个存储对象的数据库。

5. 利用虚函数设计一个程序计算函数 f(x)=1/1(1+x)在区间[0.0,10.0]内的积分值。

第11章 C++的I/O流类库

C++为了实现数据的输入输出定义了一系列的流类。这些类之间的派生、继承关系如图11.1所示。图中的虚线表示模板类与模板类实例的关系。

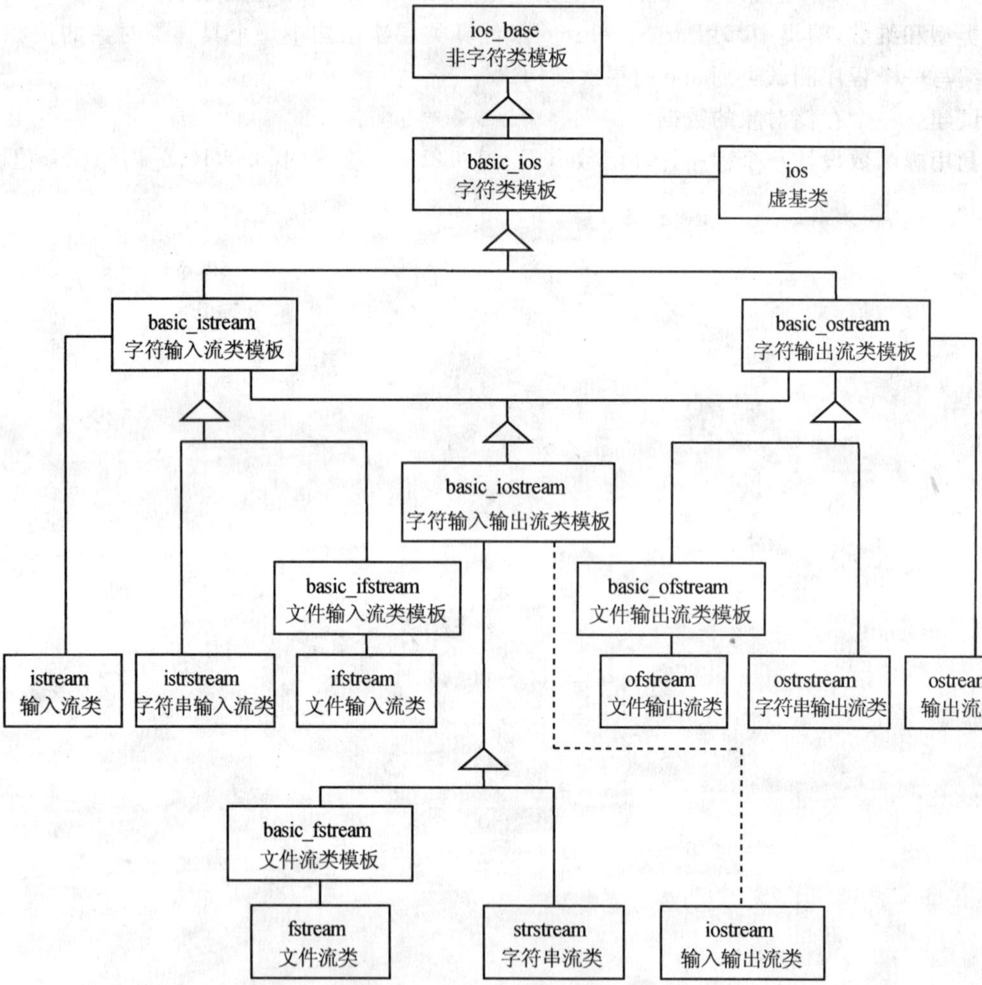

图11.1　C++流的体系结构

所谓流是指数据从一个位置流向另一个位置。流是用于输入输出的一组类。流有两种类型:文本流、二进制流。数据从内存传送到某个载体或设备中,即输出流。数据从某个载体或设备传送到内存缓冲区变量中,即输入流。

缓冲是指系统在内存中开辟的一块临时存放信息的区域,这一存储区域就叫缓冲区。缓冲流是指缓冲区满或当前输入流中的数据为新的行符时,系统才对流进行刷新。而非缓冲流

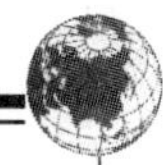

是指所有输入流中的数据将被外部设备立即处理。

C++的输入输出流类将不同的设备都转换成“流”这样一个逻辑设备，由“流”完成对不同设备的具体操作。“流”在使用前创建，在使用后删除。从流中获取数据的操作称为提取操作，向流中添加数据的操作称为插入操作。

要利用 C++流，必须在程序中包含有关的头文件，以便获得相关流类的声明。为了使用新标准的流，相关头文件名中不得有扩展名。与 C++流有关的头文件有：

iostream：要使用 cin，cout 的预定义流对象进行针对标准设备的 I/O 操作，须包含此文件。

fstream：要使用文件流对象进行针对磁盘文件的 I/O 操作，须包含此文件。

strstream：要使用字符串流对象进行针对内存字符串空间的 I/O 操作，须包含此文件。

iomanip：要使用 setw，fixed 等大多数操作符，须包含此文件。

注意：为了使用新标准的 C++流，还必须在程序文件的开始部分插入这个名字空间声明：using namespace std;

11.1　标准输出

C++中有 4 个预定义的流对象。它们的名称及含义如表 11.1 所列。

表 11.1　流类库中预定义的 4 个流对象

流对象	含义	物理设备
cin	标准输入	键盘
cout	标准输出	屏幕
cerr(处理标准出错信息)	无缓冲的标准输出	屏幕
clog (处理标准出错信息)	有缓冲的标准输出	打印机

下面介绍几种常用的屏幕输出方法。

11.1.1　预定义的插入符

最一般的屏幕输出是将插入符作用在流类对象 cout 上。“＜＜”插入运算符，向输出流中插入一个字符序列，重载在 ostream 类中定义，cout 是数据的目的地。其功能在于数据输出，其原形具有

ostream& operator ＜＜ (ostream&, ＜类型修饰符＞);

的格式。当系统执行 cout＜＜x 操作时，首先根据 x 值的类型调用相应的插入运算符重载函数，把 x 的值传送给对应的形参，接着执行函数体，把 x 的值输出到显示器屏幕上，在当前屏幕光标位置显示出来，然后返回 ostream 流，以便继续使用插入运算符输出下一个表达式的值。

格式中的“类型修饰符”是指 char，int，double，char *，bool 等 C++中固有的修饰符。只要输出或输入的数据属于这些类型中的一种，就可以直接使用“＜＜”完成输出任务。在完成输出任务后，“＜＜”把第一个参数(即流对象的引用)返回。因此运算符“＜＜”可以连续使

用,如 cout<<a<<b<<c<<d;等。

例 11.1 分析程序结果。

```
#include<iostream.h>
void main()
{
    int a=100;
    int *pa=&a;
    cout<<"&pa="<<&pa<<endl;
    cout<<"&pa="<<long(&pa)<<endl;
}
```

程序的运行结果:

```
&pa=0x0013FF78
&pa=1310584
```

注意:处理指针类型的插入符显示对象的地址值,在缺省情况下,按其十六进制形式显示。

例 11.2 分析程序结果。

```
#include <iostream.h>
void main()
{
    int i=2,j=9;
    cout<<"compare:"<<i<<','<<j<<endl;
    cout<<"The largest value is"<< (i>j)? i:j<<endl;
}
```

当程序运行时,会出现下面的错误提示:

error C2297:'<<' : illegal, right operand has type 'class ostream &(__cdecl *)(class ostream &)'

主要原因是插入符(<<)比三目运算符(?:)的优先级高。所以需要加入括号来改变其优先级。将错误语句:

```
cout<<"The largest value is"<<(i>j)? i:j<<endl;
```

改为:

```
cout<<"The largest value is"<<((i>j)? i:j)<<endl;
```

即可。

11.1.2 put()成员函数

屏幕输出的第二种方法可以由成员函数 put()实现。使用成员函数 put()写一个字符。成员函数 put()将字符送进输出流的格式:

```
cout.put(char c);
```

或

```
cout.put(const char c);
```

例 11.3　分析程序结果。

```
#include <iostream.h>
void main()
{
cout<<'a'<<','<<'b'<<'\n';
cout.put('a').put(',').put('b').put('\n');                  // 输出常量
char c1='A',c2='B';
cout.put(c1).put(c2).put('\n');                             // 输出变量
}
```

程序运行结果：

```
a,b
a,b
AB
```

从程序中看出，可以使用插入符(<<)输出字符，也可以使用 put()函数输出字符。put()函数的返回值也是 ostream 类的对象 cout 的引用，并且也可以连续使用。

11.1.3　write()成员函数

成员函数 write()也可实现屏幕输出。使用成员函数 write()输出一个字符串。格式：
cout.write(const char * str,int n)

str 是一个字符指针或字符数组，用来存放一个字符串，n 是一个 int 型数，表示输出显示字符串中字符的个数。

例 11.4　分析程序结果。

```
#include <iostream.h>
#include<string.h>
void PrintString(char  * s)
{
    cout.write(s,strlen(s)).put('\n');
    cout.write(s,7)<<"\n";
}
void main()
{
    char str[]="I love China";
    cout<<"the string is:"<<str<<endl;
    PrintString(str);
    PrintString("this is a string");
}
```

程序运行结果：

```
the string is:I love China
```

```
I love China
I love
this is a string
this is
```

可以看到,在该程序中 write()函数可以显示整个字符串的内容,也可以显示部分字符串的内容。

11.2 标准输入

下面介绍几种常用的键盘输入方法。

11.2.1 预定义提取符

">>"为提取运算符,从输入流中提取一个字符序列。重载在 istream 类中定义。最一般的键盘输入是将提取符作用在流类的对象 cin 上。格式:

cin>><*表达式*>>><*表达式*>…

格式中说明,提取符可以连续写多个,每个后面跟一个表达式。从键盘上连续输入的两个数之间常用空白符、tab,或换行符作为分隔符。例如:

```
int a,b;
cin>>a>>b;
```

则输入过程中可以这样输入:

3 ␣ 5

这时,变量 a 获取值为 3,变量 b 获取值为 5。

例 11.5 提取符的应用。

```
#include <iostream.h>
#include<string.h>
void main()
{
    const int SIZE=80;
    char buf[SIZE];
    char * largest;
    int curLen,maxLen=-1,cnt=0;
    cout<<"Input words:\n";
    while(cin>>buf)                    //输入单词以空白符分隔,以 ctrl+z 结束。
    {
        curLen=strlen(buf);
        cnt++;
        if(curLen>maxLen)
        {
            maxLen=curLen;
            largest=buf;
```

```
        }
    }
    cout<<endl;
    cout<<"单词个数:"<<cnt<<endl;
    cout<<"最长的单词长度:"<<maxLen<<endl;
    cout<<"最后一个单词:"<<largest<<endl;
}
```

程序运行结果：

```
Input words:
extractor example.
^Z
单词个数:2
最长的单词长度:9
最后一个单词:example.
```

注意：提取符可从输入流中读取一个字符序列，并认为这个字符串是以空白符为结束的字符序列。每读入一个字符串时，系统自动加上'\0'字符。

使用 ctrl+z 作为输入流的结束符。具体操作中，先输入换行符后，再输入 ctrl+z 键。此时 cin>>buf 的值为 0，则退出循环。

11.2.2　get()成员函数

get()函数可以从输入流获取一个字符，并把它放置到指定变量中。该函数的使用格式如下：

cin.get(char &ch)

该函数从输入流中获取字符时，不忽略空白符，即将输入流中的空白符也作为一个字符来处理。格式中的 cin 是对象；&ch 是一个字符变量的地址值，用来存放从输入流中所获取的字符，返回调用它的 iostream 类的对象。

例 11.6　分析程序输出结果。

```
#include <iostream.h>
void main()
{
    char ch;
    int i=0;
    cout<<"input: ";
    while((ch=cin.get())!=EOF)
    {
        cout.put(ch);
        i++;
    }
    cout<<"ok!"<<endl;
    cout<<"i="<<i;
```

```
}
```

程序运行结果：

```
input：abcdefghijklmn
abcdefghijklmn
^Z
ok!
i=15
```

注意：

(1) get()从输入流返回一个字符的ASCII码值，可以赋给一个int型量。

(2) EOF是一个符号常量，它的值是-1，被包含在iostream.h文件中。

(3) put(ch)只能对char型量操作，与get()不同。

get()函数还可在程序中这样使用：

```
char ch;
cin.get(ch);                                    // 从输入流中读取一个字符存放在ch中
```

get()函数的另外一种形式为getline()。该函数可以从输入流中读取多个字符，每次读取一行。函数格式如下：

cin.getline(char * buf,int limit,Deline='\n');

其中，buf是一个字符指针或字符数组，limit用来限制从输入流中读取的字符个数，最多limit-1个，因为留一个字符来存放结束符。Deline是读取时指定的结束符，缺省是'\n'。

例 11.7 编程统计从键盘上输入每一行字符的个数，从中选取出最短的行的字符个数，统计共输入多少行。

```
#include <iostream.h>
const int SIZE=80;
void main()
{
    int lcnt=0,lmin=32767;
    char buf[SIZE];
    cout<<"input...\n";
    while(cin.getline(buf,SIZE))
    {
        int count=cin.gcount();
        lcnt++;
        if(count<lmin) lmin=count;
        cout<<"Line # "<<lcnt<<"\t"<<"chars read: "<<count<<endl;
        cout.write(buf,count).put('\n').put('\n');
    }
    cout<<endl;
    cout<<"Total line: "<<lcnt<<endl;
    cout<<"shortest line: "<<lmin<<endl;
```

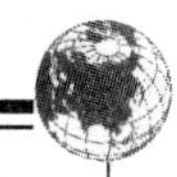

```
}
```

程序运行结果：

```
input...
one
Line # 1        chars read: 4
one
```

注意：

(1)程序中 cin.gcount()函数返回上一次 getline()函数实际上读入的字符个数，包含空白符。

(2)函数 getline()每次从输入流中读取一行字符，存放在 buf 中，结束输入使用 ctrl+z 键。

11.2.3　read()成员函数

成员函数 read()可以从输入流中读取指定数目的字符，并将它们存入在指定的数组中。该函数的使用格式如下：

cin.read(char * buf,int size)

其中，buf 存放读取来的字符的字符指针或字符数组。size 指定从输入流中读取字符的个数，也可以使用 gcount()统计上一次使用 read()函数读取的字符个数。

例 11.8　分析程序输出结果。

```
#include <iostream.h>
void main()
{
    const int S=80;
    char buf[S]="";
    cout<<"input...\n";
    cin.read(buf,S);
    cout<<"chars read: "<<cin.gcount()<<endl;
    cout<<buf<<endl;
}
```

程序运行结果：

```
input...
this is a c++ program.
^Z
chars read: 23
this is a c++ program.
```

istream 类中还有一个常用的成员函数 peek()，它的功能是从输入流中返回下一个字符，但是并不提取它，遇到流结束标志时返回 EOF。

例 11.9　分析程序输出结果。

```
#include <iostream.h>
void main()
{
    int ch,cnt=0;
    cout<<"input...\n";
    while((ch=cin.get())!=EOF)
    {
        if(ch=='i'&&cin.peek()=='s')
            cnt++;
    }
    cout<<cnt<<endl;
}
```

程序运行结果：

```
input...
this is a c++ program.
^Z
2
```

程序中使用了 peek()函数从输入流中返回字符，但不提取它，用来检查字符 i 后面是否是字符 s。

11.3 格式控制I/O操作

利用C++流既可以进行有格式输入输出，也可以进行无格式输入输出。计算机所处理的数据都有内部存储格式和外部表现形式的区分，因此，在输入输出过程中进行适当的转换，有格式输入输出就是完成这一任务的。有格式输入输出针对的是键盘、显示器、打印机等字符设备以及磁盘中的文本文件。

在没有特意进行格式控制的情况下，输入输出采用缺省格式。

1. 缺省的输入格式

short，int，long(signed，unsigned)：与整型常量相同；

float，double，long double：与浮点数常量相同；

char(signed，unsigned)：第一个非空白字符；

char * (signed，unsigned)：从第一个非空白字符开始到下一个空白字符结束；

void * ：无前缀的16进制数；

bool：把 true 或 1 识别为 true，其他的均识别为 false。

例如，执行

```
int a,b;char c;char d[20];
    cin>>a>>b>>c>>d;
```

时，若输入

```
123 456abcde efg
```

则 a 的值为 123，b 的值为 456，c 的值为'a'，d 的值为"bcde"。

2. 缺省的输出格式

short，int，long(signed，unsigned)：一般整数形式，负数前有－号；

float，double，long double：浮点格式或指数格式(科学表示法)，取决于哪个更短；

char(signed，unsigned)：单个字符(无引号)；

char *（signed，unsigned)：字符序列(无引号)；

void *　：无前缀的 16 进制数；

bool：1 或 0。

例如，执行

```
char c='A', *p="Hello!";
cout<<123<<c<<-123<<endl;
cout<<p<<(void *)p;
```

将输出：

```
123A -123
Hello! 0041B18C
```

注意：0041B18C 是变量 p 表示为 16 进制数的地址。不同的环境下执行的结果可能是不同的。

11.3.1　流的格式化标志

格式化输入与输出是指按规定的格式对流进行输入与输出操作。流类库有两种方式控制数据的格式：ios 类的成员函数和输入输出操作符。

1. 控制格式的标志位

在作为流根类的 ios_base 中，有一个作为数据成员的格式控制变量，专门用来记录格式标志；通过设置标志，可以有意识地对有格式输入输出的效果加以控制。各种格式标志被定义为一组符号常量，如表 11.2 所列。

表 11.2　ios 标志位

标志位	值	含　义	输入/输出
skipws	0x0001	跳过输入中的空白符	I
left	0x0002	输出数据按输出域左对齐	O
right	0x0004	输出数据按输出域右对齐	O
internal	0x0008	数据的符号左对齐，数据本身右对齐，符号和数据之间为填充符	O
dec	0x0010	转换基数为十进制形式	I/O
oct	0x0020	转换基数为八进制形式	I/O
hex	0x0040	转换基数为十六进制形式	I/O
showbase	0x0080	输出的数值数据前面带有基数符号(0 或 0x)	O
showpoint	0x0100	浮点数输出带有小数点	O
uppercase	0x0200	用大写字符输出十六进制数值	O

续表 11.2

标志位	值	含 义	输入/输出
showwpos	0x0400	正数前面带有“+”符号	O
scientific	0x0800	浮点数输出采用科学表示法	O
fixed	0x1000	使用定点数形式表示浮点数	O
unitbuf	0x2000	完成输入操作后立即刷新流的缓冲区	O
stdio	0x4000	完成输入操作后刷新系统的 stdout,stderr	O

这些作为格式标志的常量与整数的对应关系是精心安排的。每一个标志对应一个二进制位,为 1 时表示对应标志已设置,为 0 时表示对应标志未设置。这些作为标志的二进制位保存在格式控制变量的低端的若干位中。每一个流对象都有这样一个作为数据成员的格式控制变量。在外部使用这些格式标志时,必须在标志前加 ios_base::修饰。

2. 使用标志字

ios 类中定义了一个标志字的 long 型的数据成员,用它来记录当前格式化的状态,即各标志位的设置值。下面介绍该标志字的成员函数。

(1) long flags( ):该函数返回标志字。

(2) long flags(long):该函数使用参数值来更新标志字,返回更新前的标志字。

(3) long setf(long setbits,long field):该函数将 field 所指定的标志清零,将 setbits 为 1 的位置 1,返回以前的标志字。

(4) long setf(long):该函数设置参数所指定的那些标志的位,返回更新前的标志字。

(5) long unsetf(long):该函数用来清除参数所指定的那些标志的位,返回更新前的标志字。

为了使用方便,在 ios 类中,还定义了下面的静态类对象:

static const long basefield;其值为 del|oct|hex

static const long adjustfield;其值为 left|right|internal

static const long floatfield;其值为 scientific|fixed

这些对象的值可用来简化对数制标志位、对齐标志位和实数表示标志位的操作。

例 11.10 标志位设置的例子。

```
#include <iostream.h>
void main()
{
    cout.setf(ios::oct,ios::basefield);          // 清除 dec,hex,设置 8 进制
    cout<<"OCT:56→"<<56<<endl;
    cout.setf(ios::dec);                         // 设置 10 进制,ios::basefield 可加可不加
    cout<<"DEC:56→"<<56<<endl;
    cout.flags(ios::hex);                        // 清除 dec,oct,设置 16 进制
    cout<<"HEX:56→"<<56<<endl;
    cout.setf(ios::showbase);                    // 输出的数值前带有基数符号
    cout<<"HEX:32→"<<32<<endl;
```

```
    cout.setf(ios::uppercase);                    // 用大写字母输出十六进制数值
    cout<<"HEX:254→"<<254<<endl;
}
```

程序运行结果：

```
OCT:56→70
DEC:56→70
HEX:56→38
HEX:32→0x20
HEX:254→0XFE
```

11.3.2　格式化输出函数

在 ios 类中，定义了一些成员函数来进行格式化输出。

1. 设置输出宽度的控制函数 width()

格式 1：int ios::width()；

功能：返回当前设置的数据输出宽度。

格式 2：int ios::width(int w)；

功能：设置当前输出宽度，且仅对下一个输出项有效。

2. 输出精度控制函数 precision()

格式 1：int ios::precision()；

功能：返回当前浮点数输出精度，缺省位数为 6 位。

格式 2：int ios::priecision(int p)；

功能：设置浮点数输出精度，即输出的数据的有效位数。

3. 填充当前宽度内的填充字符函数

格式 1：char fill()；

功能：返回当前所使用的填充字符。

格式 2：char fill(char)

功能：设置填充字符为参数值所表示的字符，并返回更新的填充字符。

注意：

(1) 数据输出宽度在默认情况下为表示数据所需的最少字符数。

(2) 默认的填充字符为空格符。

(3) 如果所设置的数据宽度小于数据所需的最少字符数时，则数据宽度按默认宽度处理。

(4) float 型实数最多提供 7 位有效数字，double 型实数最多提供 15 位有效数字，long double 型实数最多提供 19 位有效数字。

11.3.3　操作子

操作子是一个对象。它们可以直接被插入符或提取符操作。具体的操作子如表 11.3 所列。

表 11.3 操作子

操作子名	含 义	输入/输出
dec	数值数据采用十进制表示	I/O
hex	数值数据采用十六进制表示	I/O
oct	数值数据采用八进制表示	I/O
setbase(int n)	设置数制转换基数为 n(n 为 0,8,10,16) 0 表示使用默认基数	I/O
ws	提取空白符	I
ends	插入空字符	O
flush	刷新与流相关联的缓冲区	O
resetiosflags(long)	清除参数所指定的标志位	I/O
setiosflags(long)	设置参数所指定的标志位	I/O
setfill(int)	设置填充字符	O
setsprecision(int)	设置浮点数输出的有效数字个数	O
setw(int)	设置输出数据项的域宽	O

例 11.11 分析程序输出结果。

```
#include <iostream.h>
#include <iomanip.h>
void main()
{
    cout<<"12345678901234567890"<<endl;
    int i=1234;
    cout<<i<<endl;
    cout<<setw(12)<<i<<endl;
        cout<<resetiosflags(ios::right)<<setiosflags(ios::left)<<setfill('*')<<setw(12)<<i
<<endl;
    cout<<"width:"<<cout.width()<<endl;
}
```

程序运行结果：

```
12345678901234567890
1234
        1234
1234********
width:0
```


例 11.12 分析程序输出结果。

```
#include <iostream>
#include <iomanip>
```

```
#include <cmath>
using namespace std;
int main()
{
    int i;
    cout<<"    |";
    for(i=0;i<10;i++) cout<<setw(5)<<i<<"  ";
    cout<<endl<<"---+";
    for(i=0;i<10;i++) cout<<"--------";
    cout<<fixed<<setprecision(3);
    for(i=0;i<10;i++){
        cout<<endl<<setw(2)<<i<<" |";
        for(int j=0;j<10;j++) cout<<setw(7)<<sqrt(i*10+j);
    }
    cout<<endl;
    return 0;
}
```

程序运行结果：

```
   :   0      1      2      3      4      5      6      7      8      9
------------------------------------------------------------------------
 0 : 0.000  1.000  1.414  1.732  2.000  2.236  2.449  2.646  2.828  3.000
 1 : 3.162  3.317  3.464  3.606  3.742  3.873  4.000  4.123  4.243  4.359
 2 : 4.472  4.583  4.690  4.796  4.899  5.000  5.099  5.196  5.292  5.385
 3 : 5.477  5.568  5.657  5.745  5.831  5.916  6.000  6.083  6.164  6.245
 4 : 6.325  6.403  6.481  6.557  6.633  6.708  7.782  7.856  6.928  7.000
 5 : 7.071  7.141  7.211  7.280  7.348  7.416  7.483  7.550  7.616  7.681
 6 : 7.746  7.810  7.874  7.937  8.000  8.062  8.124  8.185  8.246  8.307
 7 : 8.367  8.426  8.485  8.544  8.602  8.660  8.718  8.775  8.832  8.888
 8 : 8.944  9.000  9.055  9.110  9.165  9.220  9.274  9.327  9.381  9.434
 9 : 9.487  9.539  9.592  9.644  9.695  9.747  9.798  9.849  9.899  9.950
```

11.4 插入符和提取符的重载

根据需要，用户可对插入符(<<)和提取符(>>)进行重载来支持新的数据类型的输出和输入。C++流的输入运算符“>>”和输出运算符“<<”只能作为非类成员函数重载。在一个类中，如有必要，可将“>>”或“<<”声明为友元函数。重载这两个函数须使用如下原形：

```
istream &operator>>(istream &is,classtype &var);
ostream& operator<<(ostream &os,classtype &var);
```

例 11.13 分析程序输出结果。

```
#include <iostream.h>
class Date
{
public:
    Date(int y,int m,int d){Year=y;Month=m;Day=d;}
    friend ostream& operator <<(ostream &stream,Date &date);
    friend istream& operator >>(istream &stream,Date &date);
private:
    int Year,Month,Day;
};
istream& operator >>(istream& stream,Date &date)
{
    stream>>date.Year>>date.Month>>date.Day;
    return stream;
}
ostream& operator <<(ostream& stream,Date &date)
{
    stream<<date.Year<<"/"<<date.Month<<"/"<<date.Day<<endl;
    return stream;
}

void main()
{
    Date CDate(2008,8,8);
    cout<<"Current date:"<<CDate<<endl;
    cout<<"Enter new date: ";
    cin>>CDate;
    cout<<"New date: "<<CDate<<endl;
}
```

程序运行结果:

```
Current date:2008/8/8

Enter new date: 2008 11 30
New date: 2008/11/30
```


在程序中,Date类中通过友元函数的形式重载了>>和<<。重载后就可以按照中国对日期的输入方式进行日期的修改了。

11.5 字符串流

C++的I/O流库中提供了两个类:ostrstream和istrtream。它们都包含在strstrea.h文

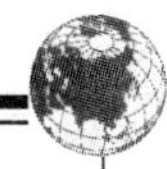

件中。利用这两个类可以实现将一个字符串内的数字字符转换成二进制形式存放在某种类型的对象中,或者将一个二进制数转换成字符存储在一个字符数组对象中。

11.5.1　ostrstream 类的构造函数

ostrstream 类的构造函数有两种原型。

1. ostrstream::ostrstream();

这是缺省构造函数,用来建立存储所插入的数据的数组对象。

2. ostrstream::ostrstream(char *s,int n,int mode=ios::out);

函数中有三个参数。s 指所插入的字符指针或字符数组;n 是指定这个数组最多能存放的字符个数;mode 给出了流的方式,默认为 out,还可以选用 ate 和 app 方式。

ostrstream 在进行插入操作时,并不在输出流中的末尾自动添加空字符,需要在程序中显式地添加这个空字符。

例 11.14　分析程序输出结果。

```
#include<iostream.h>
#include<fstream.h>
#include<strstrea.h>
const int N=80;
void main()
{
    char buf[N];
    ostrstream out1(buf,sizeof(buf));            // 创建一个流对象,将流向一个字符数组 buf,该数组
80 个 char 型元素
    int a=80;
    for(int i=0;i<5;i++,a+=10)
        out1<<"a="<<a<<";";                      // 将"a="和 int 型数和";",通过 out1 插入到 buf 中
    out1<<'\0';
    cout<<"buf: "<<buf<<endl;


}
```

程序运行结果:

```
buf: a=80;a=90;a=100;a=110;a=120;
```

程序中,使用 ostrstream 类的构造函数创建一个流对象 out1,该流将流向一个字符数组 buf,该数组 80 个 char 型元素。

其中的循环 for,将 5 个字符串“a=”和 int 型数,通过流 out1 插入到了 buf 当中,最后还需添加一个'\0'字符串结束符。

11.5.2　istrsteam 类的构造函数

istrstream 类的构造函数有两种原型。

1. istrstream::istrstream();

这个构造函数使用所指定串的全部内容来构造流对象。

2. istrstream::istrstream(char * s,int n);

这个构造函数使用所指定串的前 n 个字符来构造流对象。

例 11.15 分析程序的输出结果。

```
#include<iostream.h>
#include<strstrea.h>
void main()
{
    char buf[]="123 45.67";
    int a;
    double b;
    istrstream ss(buf);
    ss>>a>>b;                          //通过 ss 流提取 buf 中的 123 给 a,45.67 给 b
    cout<<a+b<<endl;
}
```

程序运行结果:

```
168.67
```

11.6 磁盘文件的 I/O 操作

文件是对具体设备的抽象。例如磁盘文件和显示器都是文件,所有流的行为对程序员来讲都是相同的。当程序与一个文件交换信息时,必须通过打开操作(open)将一个文件与一个流联系起来,输入输出结束后使用关闭文件操作(close)使文件关闭。

对文件的操作是由文件流类完成的。文件流类在流与文件之间建立连接。文件流分为:文件输入流、文件输出流、文件输入/输出流。

相应的文件流说明为 ifstream,ofstream,fstream 类的对象,然后利用文件流的对象对文件进行操作。对文件的操作过程:

(1) 定义文件流类的对象。

(2) 打开文件。

(3) 对文件进行读写操作。

(4) 关闭文件。

11.6.1 磁盘文件的打开和关闭

要对文件进行打开和关闭,则首先应先建立文件流对象。文件流类定义文件流类对象的格式:

文件流类　对象名;

例如,

```
ifstream ifile;                        //定义一个文件输入流对象
ofstream ofile;                        //定义一个文件输出流对象
fstream iofile;                        //定义一个文件输入输出流对象
```

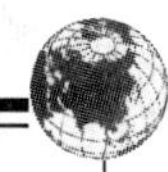

当定义好文件流对象之后就可以对文件进行打开和关闭操作了。

1. 利用文件流对象的成员函数 open()打开需要操作的文件

open()函数的原型如下：

```
void open(char * filename,int mode,int access=filebuf:openprot);
```

例如，

```
fstream outfile;
outfile.open("d:\\sav\\file1.txt",ios::out);
```

可以用写的方式打开文件 file1.txt。

其中，参数 filename 为字符型指针，指定要打开的文件名；mode 参数指定了文件的打开方式；access 参数指定文件系统属性，若为 0 表示为一般文件，为 1 则表示只读文件，为 2 表示隐藏文件，为 3 表示系统文件。文件的打开方式如表 11.4 所列。

表 11.4　文件访问方式常量

方式名	用　途
in	以输入方式打开文件
out	以输出方式打开文件
app	以输出追加方式打开文件
ate	文件打开时，文件指针位于文件尾
trunc	如果文件存在，将其长度截断为 0，并清除原有内容；如果文件不存在，则创建新文件
binary	以二进制方式打开文件，缺省时为文件方式
nocreate	打开一个已有文件，如该文件不存在，则打开失败
noreplace	如果文件存在，除非设置 ios::ate 或 ios::app，否则打开操作失败
ios::in|ios::out	以读和写的方式打开文件
ios::out|ios::binary	以二进制写的方式打开文件
ios::in|ios::binary	以二进制读的方式打开文件

注意：

(1) 文件打开后，当前读写位置指针指向文件的开始位置。

(2) 除 ios::app、ios::ate 外，指针定位于文件末尾。

(3) 打开方式为 ios::out，而未指定 ios::ate 或 ios::app，则隐含方式为 ios::trunc。

(4) 表中的几种方式可以通过"位或"操作结合起来，表示具有几种方式的操作，例如：

ios::in|ios::out|ios::binary

表示二进制的读写方式操作。

(5) ios::ate 模式必须与 in，out 或 noreplace 同时使用。

(6) ios::nocreate 模式为不建立新文件，若要打开的文件不存在，则打开文件失败。该模式必须与 in，out 同时使用，不能够与 onreplace 同时使用。

(7) ios::binary 模式也是与 in，out 同时使用，表示打开一个二进制文件。如不指定该模式，则打开的是文本文件。

(8) ios::in 和 ios::out 可以同时使用,表示打开一个可读写的文件。

打开文件的另一种方法是把文件名、访问方式作为文件标识符说明的一部分,也就是说在建立文件流对象的同时打开文件,如:

fstream outfile("d:\\sav\\file1.txt",ios::out);

2. 利用文件流对象的成员函数 close()关闭需要操作的文件

文件使用完毕时,应通过关闭文件将流对象与文件脱离开来。关闭文件的成员函数格式如下:

void fstreambase::close();

关闭文件时,系统将刷新与该流相关的缓冲区。

文件的打开和关闭操作,可以使一个文件流与多个文件建立联系,但在任意时刻只能与一个文件发生联系。

11.6.2 文件流状态的判别

可以用文件流对象的下列成员函数来判别文件流的当前状态。

is_open():判定流对象是否与一个打开的文件相联系,若是,返回 true,否则返回 false;

good():刚进行的操作成功时返回 true,否则返回 false;

fail():与 good()相反,则进行的操作失败时返回 true,否则返回 false;

bad():如果进行了非法操作返回 true,否则返回 false;

eof():进行输入操作时,若到达文件尾返回 true,否则返回 false。

也可以直接针对流对象进行判断。假设 input 是一流对象,则

if(! input) …等同于 if(input.fail())……

if(input)…等同于 if(input.good())

之所以能以这样的形式进行文件状态的判断,是因为 C++流中重载了运算符"!"和转换运算符 void *。

可以利用上述函数来检测流是否出错。例如:

```
ifstream istrm("f1.dat");
  if(istrm.good())
    ……// 文件打开成功
  if(! cin.eof())
    ……// 文件没有结束,可进行读操作
```

在 ios 类中,还定义了一个数据成员,用它来记录各种错误的性质,称为状态字。它的各位的状态由 ios 类中定义的下述常量来描述:

goodbit=0x00　状态正常,没有位设置

eofbit=0x01　到达文件尾

failbit=0x02 I/O　操作失败,流可恢复

badbit=0x04　试图进行非法操作

hardbit=0x80　致命错误,设备硬件故障,不可恢复

这些状态位可以使用 ios 类中定义的成员函数:

```
void ios::clear(int=0);
```

来清除/设置流的状态位，但它不能设置/清除 hardbit 位。更多用在清除流的错误状态。例如：

```
cin.clear(cin.rdstate()|ios::badbit);
```

用来设置 badbit 位。即状态错误，这时使用带参数的 clear()函数。而：

```
cin.clear();
```

则是用来清除除 hardbit 外的其他流中错误。

下面是一个测试流对象 cin 的错误状态位的程序。分析该程序的输出结果。

例 11.16　分析程序的输出结果。

```
#include<iostream>
using namespace std;
void main()
{
    int a;
    cout<<"Enter an integer:";
    cin>>a;
    cout<<"cin.rdstate():"<<cin.rdstate()<<endl<<"cin.eof():"<<cin.eof()<<endl;
    cout<<"cin.bad():"<<cin.bad()<<endl;
    cout<<"cin.fail():"<<cin.fail()<<endl;
    cout<<"cin.good():"<<cin.good()<<endl;
    cin.clear();
    cout<<"cin.good():"<<cin.good()<<endl;
    cin.clear(ios::failbit);
    cout<<"cin.good():"<<cin.good()<<endl;
}
```

程序运行结果：

```
Enter an integer:a
cin.rdstate():2
cin.eof():0
cin.bad():0
cin.fail():1
cin.good():0
cin.good():1
cin.good():0
```

程序中应该输入一个 int 型数给变量 a 赋值，但在输入时却输入了字符'a'，此时状态位 failbit 被置为 1，表示 I/O 出错，状态字 rdstatebit 为 2，goodbit 为 0。经过调用 clear( )清除错误状态位后，goodbit 为 1，再设置 failbit 错误后，goodbit 又为 0。

11.6.3 文本文件的读和写

对文本文件进行读写操作时，首先要打开文件，然后再对打开文件时设定的文件流进行操作。

例 11.17 文本文件的写操作。

```
#include<iostream.h>
#include<fstream.h>
#include<stdlib.h>
void main()
{
    fstream outfile;                                  // 定义文件输出流
    outfile.open("f2.txt",ios::out);                  // 以写方式打开文件
    if(! outfile)
    {
        cout<<"文件打开失败\n";
        abort();                                      // 退出程序
    }
    outfile.write("把文本写入到指定的文件中去。\n",28);  // 利用输出流向文件写入文本
    outfile<<"把文本写入到指定的文件中去。\n";          // 利用输出流向文件写入文本
    outfile.close();                                  // 关闭文件
}
```

程序中分别利用了写入成员函数 write()以及建立的写入流对象 outfile，写入了同样的两个字符串到文本文件 f2.txt 中，并且在打开 f2.txt 文件时，对文件流 outfile 进行检查，看一下文件是否被打开。若 outfile 值为 0，则打开文件失败，给出提示信息，并利用 abort()函数退出此程序。abort()函数在文件 stdlib.h 中被包含。

下面的例子将对 f2.txt 文件进行读取操作。

例 11.18 文本文件的读操作。

```
#include<iostream.h>
#include<fstream.h>
#include<stdlib.h>
void main()
{
    fstream infile;                                   // 定义文件输入流
    infile.open("f2.txt",ios::in);                    // 以读方式打开文件
    if(! infile)
    {
        cout<<"文件打开失败.\n";
        abort();                                      // 退出程序
    }
    char s[80];
    while(! infile.eof())                             // 判断文件是否结束
```

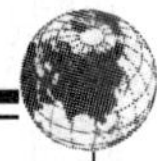

```
    {
        infile.getline(s,sizeof(s));                    // 从文本中读取一行
        cout<<s<<endl;
    }
    infile.close();                                     // 关闭文件
}
```

程序的运行结果：

把文本写入到指定的文件中去。
把文本写入到指定的文件中去。

程序中使用了 eof()来判断文件是否结束。若文件结束时，返回非 0 值，否则文件未结束。

若要对单个字符进行输入和输出操作，则可以使用成员函数 get()和 put()。下面是一个对文件 f3.txt 进行先写后读的例子。通过 put()逐个写入字符到文件，再通过 get()从文件中逐个读出字符，并显示到屏幕上。

例 11.19　单个字符的读写例子。

```
#include<iostream.h>
#include<fstream.h>
#include<stdlib.h>
#include<string.h>
void main()
{
    fstream outfile,infile;                             // 定义输入/出流
    outfile.open("f3.txt",ios::out);
    if(! outfile)
    {
        cout<<"文件打开失败.\n";
        abort();
    }
    char str[]="get/put 的应用.";
    for(int i=0;i<=strlen(str);i++)
        outfile.put(str[i]);                            // 写入一个字符
    outfile.close();
    infile.open("f3.txt",ios::in);
    if(! infile)
    {
        cout<<"文件打开失败.\n";
        // abort();
        exit(1);
    }
    char ch;
    while(infile.get(ch))                               // 从文件中读取一个字符
        cout<<ch;
```

```
    cout<<endl;
    infile.close();
}
```

程序的运行结果：

get/put 的应用.

11.6.4 二进制文件的读和写

对于二进制文件在打开时，在 open()函数中要加上 ios::binary 方式。向二进制文件中写入信息时，使用 write()函数。从二进制文件中读信息，使用 read()函数。

例 11.20 分析程序输出结果。

```
#include<iostream.h>
#include<string.h>
#include<fstream.h>
#include<stdlib.h>
class person
{
private:
    char name[20];
    double height;
    int age;
public:
    person(){};
    person(char *nm,double h,int a){
        strcpy(name,nm);
        height=h;
        age=a;
    }
    ~person(){};
    void printperson(){cout<<name<<'\t'<<height<<'\t'<<age<<endl;}
};
void main()
{
    person *p;
    p=new person[2];
    p[0]=person("wang",165.5,23);
    p[1]=person("li",182.8,34);
    fstream infile,outfile;
    outfile.open("person.dat",ios::out|ios::binary);
    if(!outfile)
    {
        cout<<"文件不能打开！\n";
```

```
        abort();
    }
    for(int i=0;i<2;i++)
        outfile.write((char *)&p[i],sizeof(p[i]));
    outfile.close();
    infile.open("person.dat",ios::in|ios::binary);
    if(! infile)
    {
        cout<<"文件不能打开! \n";
        abort();
    }
    for(i=0;i<2;i++)
    {
        infile.read((char *)&p[i],sizeof(p[i]));
        p[i].printperson();
    }
    infile.close();
}
```

程序运行结果：

```
wang    165.5    23
li      182.8    34
```

程序中使用了 write()和 read()函数。使用 write()函数把两条记录写到了一个二进制文件中，再使用 read()函数把它们读出来。

这里的 p[]相当于一个对象数组，p[i]是对象数组中的一个对象，表示一条记录，&p[i]则是该对象的地址值，将它强制转换成(char *)型后作为 write()函数或 read()函数的参数。实际上，程序把一个记录中的数据变为了字符串进行处理。

11.6.5　随机文件的读和写

系统用读或写文件指针记录着流的当前位置。istream 类提供三个成员函数来对读指针进行操作。它们的原型如下：

```
istream &istream::seekg(<流中位置>);
istream &istream::seekg(<偏移量>,<参照位置>);
streampos &istream::tellg();
```

其中，<参照位置>具有如下含义：

(1) cur=1　相对于当前读指针所指定的位置。

(2) beg=0　相对于流的开始位置。

(3) end=2　相对于流的结尾处。

例如：

```
istream input;
```

```
input.seekg(-100,ios::cur);
```

表示使读指针指向以当前位置为基准向前移动100个字节处。

```
input.seekg(100,ios::beg);
```

表示使读指针指向以从流开始位置为基准向后移动100个字节处。

```
input.seekg(-100,ios::end);
```

表示使读指针指向相对于流结尾处前移100个字节处。

streampos 被定义为 long 型量。返回当前读指针的位置相距流开始位置的字节数。一旦使用了 seekg()函数设置了读指针位置，下一次的提取操作就从当前位置开始。根据提取的数据的字节数 n，提取操作完成后，读指针将被后移 n 个字节位置，再次提取操作将从新的当前位置开始。

ostream 类提供三个成员函数来对读指针进行操作，它们的原型如下：

ostream &ostream::seekp(<流中的位置>);

ostream &ostream::seekp(<偏移量>,<参照位置>);

streampos &ostream::tellp();

这三个成员函数的含义与前面讲过的操作读指针的三个成员函数的含义相同，只是它们用来操作写指针。

例 11.21 分析程序输出结果。

```
#include<iostream.h>
#include<string.h>
#include<fstream.h>
#include<stdlib.h>
class person
{
private:
    char name[20];
    double height;
    int age;
public:
    person(){};
    person(char * nm,double h,int a){
        strcpy(name,nm);
        height=h;
        age=a;
    }
    ~person(){};
    void printperson(){cout<<name<<'\t'<<height<<'\t'<<age<<endl;}
};
void main()
{
```

```
    person *p;
    p=new person[2];
    p[0]=person("wang",165.5,23);
    p[1]=person("li",182.8,34);
    person people;
    fstream file1;
    file1.open("person.dat",ios::out|ios::in|ios::binary);
    if(! file1)
    {
        cout<<"文件不能打开! \n";
        abort();
    }
    for(int i=0;i<2;i++)
        file1.write((char *)&p[i],sizeof(p[i]));
    file1.seekg(sizeof(people)*1);
    file1.read((char *)&people,sizeof(people));
    people.printperson();
    file1.seekp(0);
    file1.read((char *)&people,sizeof(people));
    people.printperson();
    file1.close();
}
```

程序运行结果:

```
li        182.8    34
wang      165.5    23
```

程序是将对象数组中的记录写到文件 person.dat 中。然后,使用 seekg()函数定位文件的读指针到第 1 条记录上,读出它并显示在屏幕上。再使用 seekp()函数定位文件的指针到第 0 条记录上,又读出并显示在屏幕上。在本程序中,定义的是一个读写流对象 file1,因此,既可以用 seekp()函数,也可以用 seekg()函数来定位文件的指针位置。

习题十一

一、选择题

1. 进行文件操作时需要包含(　　)文件。

A. iostream.h　　B. fstream.h　　C. stdio.h　　D. stdlib.h

2. 使用操作子对数据进行格式输出时,应包含(　　)文件。

A. iostream.h　　B. fstream.h　　C. iomanip.h　　D. stdlib.h

3. 已知:int a,*pa=&a;输出指针 pa 十进制的地址值的方法是(　　)。

A. cout<<pa;　　B. cout<<*pa;

C. cout<<&pa;　　D. cout<<long(&pa)

4. 下列输出字符'A'的方法中,(　　)是错误的。

A. cout<<put('A');　　B. cout<<'A';

C. cout. put('A');　　D. char A='A';cout<<A;

5. 关于 getline()函数的下列描述中,(　　)是错误的。

A. 该函数是用来从键盘上读取字符串的

B. 该函数读取的字符串长度是受限制的

C. 该函数读取字符串时遇到终止符便停止

D. 该函数中所使用的终止符只能是换行符

6. 关于 read()函数的下列描述中,(　　)是正确的。

A. 该函数只能从键盘输入中获取字符串

B. 该函数所获取的字符多少是不受限制的

C. 该函数只能用于文本文件的操作中

D. 该函数只能按规定读取所指定的字符数

7. 在 ios 中提供控制格式的标志位中,(　　)是转换为十六进制形式的标志位。

A. hex　　B. oct　　C. dec　　D. left

8. 控制格式输入输出的操作中,(　　)是设置域宽的。

A. ws　　B. oct　　C. setfill()　　D. setw()

9. 磁盘文件操作中,打开磁盘文件的访问方式常量中,(　　)是以追加方式打开文件的。

A. in　　B. out　　C. app　　D. ate

10. 下列函数中,(　　)是对文件进行写操作的。

A. get()　　B. read()　　C. seekg()　　D. put()

11. 当使用 ofstream 流类定义一个流对象并打开一个磁盘文件时,文件的隐含打开方式为(　　)。

A. ios::in　　B. ios::out　　C. ios::in | ios::out　　D. 没有

二、读程序写结果

1.

```
#include <iostream.h>
#include <string.h>
void main()
{
cout<<"The length of \"this is a string\" is:\t"<<strlen("this is a string")<<endl;
cout<<"The size of \"this is a string\" is:\t"<<sizeof("this is a string")<<endl;
}
```


2.

```
#include <iostream.h>
#include <fstream.h>
#include <stdlib.h>
void main()
{
```

```
  fstream outfile;
  outfile.open("f2.dat",ios::out);
  if(! outfile)
{
    cout<<"f2.dat can't open.\n";
    abort();
    }
  outfile<<"this is a profram.\n";
  outfile<<"this is a profram.\n";
  outfile.close();
}
```

3.

```
#include <iostream.h>
class complex
{
public:
    complex(){real=imag=0;}
    complex(double r,double i)
    {
          real=r;imag=i;
    }
    complex operator +(const complex &c);
    complex operator -(const complex &c);
    friend void print(const complex &c);
private:
    double real,imag;
};
inline complex complex::operator +(const complex &c)
{
      return complex(real+c.real,imag+c.imag);
}
inline complex complex::operator -(const complex &c)
{
      return complex(real-c.real,imag-c.imag);
}

void print(const complex &c)
{
if(c.imag<0)
    cout<<c.real<<c.imag<<'i';
else
    cout<<c.real<<'+'<<c.imag<<'i';
```

```
}
void main()
{
    complex c1(2.0,3.0),c2(4.0,-2.0),c3;
    c3=c1+c2;
    cout<<"\nc1+c2=";
    print(c3);
    c3=c1-c2;
    cout<<"\nc1-c2=";
    print(c3);
}
```

4.

```
#include <fstream.h>
void main()
{
    ofstream ostrm;
    ostrm.open("f1.dat");
    ostrm<<120<<endl;
    ostrm<<310.85<<endl;
    ostrm.close();
    ifstream istrm("f1.dat");
    int n;
    double d;
    istrm>>n>>d;
    cout<<n<<","<<d<<endl;
    istrm.close();
}
```

5.

```
#include<iostream.h>
#include<fstream.h>
#include<stdlib.h>
void main()
{
    fstream outfile,infile;
    infile.open("f2.dat",ios::in);
    if(!infile)
    {
        cout<<"f2.dat can't open.\n";
        // abort();
        exit(0);
    }
```

```
    outfile.open("f4.dat",ios::out);
    if(! outfile)
    {
        cout<<"f4.dat can't open.\n";
        abort();
    }
    char ch;
    while(infile.get(ch))
    outfile.put(ch);
    infile.close();
    outfile.close();
}
```

6.

```
#include<iostream.h>
#include<fstream.h>
#include<stdlib.h>
void main()
{
    fstream file("f6.dat",ios::in|ios::out|ios::binary);
    if(! file)
    {
        cout<<"f6.dat can't open.\n";
        abort();
    }
    for(int i=0;i<15;i++)
        file.write((char *)&i,sizeof(int));
    streampos pos=file.tellp();
    cout<<"Current byte number:"<<pos<<endl;
    for(i=15;i<45;i++)
        file.write((char *)&i,sizeof(int));
    file.seekg(pos);
    file.read((char *)&i,sizeof(int));
    cout<<"The data stored is "<<i<<endl;
    file.seekp(0,ios::beg);
    for(i=80;i<100;i++)
        file.write((char *)&i,sizeof(int));
    file.seekg(pos);
    file.read((char *)&i,sizeof(int));
cout<<"The data stored is "<<i<<endl;
    file.seekp(20,ios::cur);
    file.read((char *)&i,sizeof(int));
    cout<<"The data stored is "<<i<<endl;
```

```
    cout<<"Current byte number: "<<file.tellp()<<endl;
}
```

7.

```
#include<iostream.h>
#include<ctype.h>
int getnum(char *s);
void main()
{
    char buf[80];
    cout<<"enter stream:\n";
    while(getnum(buf))
        cout<<"Digit string is : "<<buf<<endl;
}
int getnum(char *s)
{
    int flag(0);
    char ch;
    while(cin.get(ch)&&! isdigit(ch))
        ;
    if(! cin)
        return 0;
    do
    {
        *s++=ch;
    }while(cin.get(ch)&&isdigit(ch));
    *s='\0';
    flag=1;
    if(cin)
        cin.putback(ch);//
        return flag;
}
```

三、编程题

1. 编写一个产生文本文件的程序,并通过应用程序产生文件的一个拷贝。

2. 编写一个访问随机文件的程序。

3. 编写一个访问二进制文件的程序。

4. 编写一个程序,从键盘输入一个字符串,再以二倍字符串的域宽输出该字符串。

5. 从键盘上输入多行文本,统计每一行字符的个数,从中选取出最长行的字符个数,并统计行数。

第 12 章 模 板

模板是一种工具。它是 C++语言支持参数化多态性的工具。模板是用来解决代码重用的一种方法。重用代码要求有通用性，即不受使用的数据类型的影响。模板分为函数模板和类模板两种。

12.1　函数模板

12.1.1　函数模板

函数模板是通过对参数类型进行参数化后，获取有相同形式的函数体。它是一个通用函数。它可适应一定范围内的不同类型对象的操作。函数模板将代表着不同类型的一组函数，都使用相同的代码。这样可以实现代码重用，避免重复劳动，又可增强程序的安全性。

请看下面的函数：

```
void add(int a[],int b[],int size){
    for(int i=0;i<size;i++) b[i]+=a[i];
}
```

它将数组 a 的各个元素值分别累加到数组 b 的对应单元中，但数组的数据类型限定为 int。为了解决其他类型数组的累加问题，就不得不重载代码几乎相同的许多 add 版本。每个版本仅适用于一种类型，例如：

```
void add(float a[],float b[],float size){
    for(int i=0;i<size;i++) b[i]+=a[i];
}
void add(double a[],float b[],double size){
    for(int i=0;i<size;i++) b[i]+=a[i];
}
……
```

这样下来非常繁琐，而且维护起来也很困难。如果发现错误需要修改，则所有这些重载函数都必须一一修改。

解决问题的方法就是使用函数模板。函数模板的定义格式是：

```
template <(参数化类型名表)>
    <类型> <函数名>(<模板参数表>)
    {
        <函数体>
```

}

参数化类型名表又称模板参数表，多个表项用逗号分隔。每个表项称为一个模板参数(模板形参)。格式如下：

class <参数名>

或

typename<参数名>

或

<类型修饰> <参数名>

class是修饰符，用来表示其后面的标识符是参数化的类型名，即模板参数。这三种格式中，前两种是等价的，在声明模板参数时，关键字typename与class可以互换。用typename和class声明的参数称为虚拟类型参数；而用<类型修饰>声明的参数则称为常规参数，在形式上与普通的函数参数声明相同。例如add模板可以定义为：

```
template <class T>
void add(T a[],T b[],int size){
    for(int i=0;i<size;i++) b[i]+=a[i];
}
```

其中，"< >"括起部分就是模板的形参表，T是一个虚拟类型参数。注意，可以用多个虚拟参数构成模板形参表。

不但普通函数可以声明为函数模板，类的成员函数也可以声明为函数模板。

12.1.2 模板函数

函数模板是模板函数的一个样板，它可以生成多个重载的模板函数。这些模板函数重用函数体代码。模板函数是函数模板的一个实例。编译系统将依据每一次对模板函数调用时实际所使用的数据类型生成适当的调用代码，并生成相应的函数版本。编译系统生成函数模板的某个具体函数版本的过程称为函数模板的实例化(instantiation)。每一个实例就是一个函数定义。例如，编译系统在处理

```
long float x[]={1,2,3,4,5,6},y[]={7,8,9,10,11,12};
add(x,y,6);
```

这两条语句时，会生成如下的函数实例：

```
void add(float a[],float b[],float size){
for(int i=0;i<size;i++) b[i]+=a[i];
}
```

实例化的过程或结果通常是不可见的，编译系统会根据函数调用的具体情况自动传递相应的模板实参，生成相应的函数实例。

再如，可以对add模板进行修改如下：

```
template <typename T1,typename T2>
void add(T1  a[],T2  b[],int size){
    for(int i=0;i<size;i++) b[i]+=a[i];
```

```
}
```

则这个模板允许两个数组可以有不同的类型，例如一个是 int 型，而另一个是 double 型数组。

例 12.1　分析程序输出结果。

```
#include <iostream.h>
#include<string.h>
template<class stype> void bubble(stype *item, int count);
void main()
{
    int nums1[]={4,7,2,9,3,7,6,1};
    bubble(nums1,8);
    cout<<"The sorted numbers are ";
    for(int i(0);i<8;i++)
        cout<<nums1[i]<<" ";
    cout<<endl;
    double nums2[]={2.3,5.3,6.7,3.9,7.2,1.5};
    bubble(nums2,6);
    cout<<"The sorted numbers are ";
    for(i=0;i<6;i++)
        cout<<nums2[i]<<" ";
cout<<endl;
}
template<class stype>
void bubble(stype *item, int count)
{
    stype bubb;
    for(int i=0;i<=count-1;i++)
        for(int j=i+1;j<count;j++)
            if(item[i]>item[j])
            {
                bubb=item[i];
                item[i]=item[j];
                item[j]=bubb;
            }
}
```

该程序是一个使用冒泡法进行排序操作的函数模板，并对 int 型、double 型数组元素进行排序。

12.1.3　模板实参的省略

在前面的讲解中，对模板函数的调用只使用了函数实参，而没有使用模板实参。模板实参都被省略了。实际上模板实参的省略是有条件的。

在调用一个模板函数时，编译系统需要足够的信息来判别每一个虚拟类型参数所对应的实际类型，模板实参的信息优先于函数实参的信息。如果从模板函数实参中获得的信息已经能够判定其中部分或全部虚拟类型参数所对应的实际参数，而且它们又正好是参数表中最后的若干参数，则模板实参表中的参数可以省略。如果模板实参表中的实参都被省略了，则连空表"< >"也可以不写。反之，对于某个模板实参，如果从模板函数的实参表中无法获得同样的信息，就不能省略；或者虽然能够获得同样的信息，但在它后面还有其他不能省略的实参，则其自己还是不能省略。

以下 4 种情况模板实参不能省略

1. 从模板函数实参表获得的信息有矛盾

例如：

```
template<typename T>
T add(T a,T b){return a+b;}
```

若调用函数的语句为：

```
cout<<add(3,5);
```

则编译系统无论是从 3，还是 5 所获得的信息都是 T 对应于 int，因此可顺利地生成如下模板函数：

```
int add(int a, int b){return a+b;}
```

而若调用函数的语句为：

```
cout<<add(3.0,5);
```

则编译从 3.0 所获得的信息是 T 对应于 double，而从 5 所获得的信息是 T 对应于 int，两者是矛盾的。为了解决这一问题，可以显式的给出模板实参，强制生成对特定实例的调用，必要时生成该实例。调用语句变为：

```
cout<<add<int>(3.0,5);
```

其中，紧跟在函数名后的<int>就是模板实参表。此时，编译系统生成如下的模板函数：

```
int add(int a,int b){return a+b;}
```

2. 需要获得特定类型的返回值，而不管参数的类型如何

例如，如果需要 add 返回一个 int 型的值，那么直接以 add<int>(a,b)；形式调用即可。

3. 虚拟类型参数没有出现在模板函数的形参表中

由于虚拟类型参数没有出现在模板函数的形参表中，所以调用时不可能从模板函数的实参表中获得相应的信息，因此无法省略。

例 12.2 分析程序输出结果。

```
#include<iostream>
using namespace std;
template<typename T1,typename T2,typename T3>
T2 add(T1 a,T3 b){return a+b;}
void main()
```

```
{
    cout<<showpoint;
    cout<<add<double,int>(3,5L)<<endl;
    cout<<add<int,double,long>(3,5L)<<endl;
}
```

程序运行结果：

```
8
8.00000
```

可以看到，语句：

```
cout<<add<double,int>(3,5L)<<endl;
```

得到的结果为 8，因为 int 是 T2 的实参。而语句：

```
cout<<add<int,double,long>(3,5L)<<endl;
```

得到的结果为 8.00000，因为 double 是 T2 的实参。其中 long 可以用于判断 5 的类型。

4. 函数模板含有常规形参

当函数模板含有常规形参时，如果常规参数的信息无法从模板函数的实参表中获得，则在调用时必须显式地给出对应于常规参数的模板实参。

例 12.3　分析程序输出结果。

```
#include<iostream>
using namespace std;
template <class T,int rows>
sum(T data[],T &result)
{
    result=0;
    for(int i=0;i<rows;i++)
        result+=data[i];
}
int main()
{
    int d[3]={1,2,3};
    int r;
    sum<int,3>(d,r);              // 此处必须显式给出对应于常规参数的模板实参
    cout<<"sum="<<r<<endl;
    return 0;
}
```


程序运行结果：

```
sum=6
```

函数模板 sum 的功能是对一维数组 data 中的元素求和，并将结果存入变量 result 中带回到调用它的程序中。这里由于模板中带有常规参数 rows，而又无法从模板函数的实参表中获

得,因此在调用 sum 函数时必须显式的给出对应于常规参数的模板实参。

12.2 类模板

12.2.1 类模板的概念与定义

使用类模板所定义的一种类类型,类中的某些数据成员和某些成员函数的参数及返回值可以选取一定范围内的多种类型,从而实现代码重用。类模板就是一系列相关类的模型或样板。这些类的成员组成相同,成员函数的源代码形式相同,所不同的只是所针对的类型(成员的类型以及成员函数的参数和返回值的类型)。对于类模板数据类型本身成了它的参数,因而是一种参数化类型的类,是类的生成器。类模板中声明的类称为模板类。

声明一个类模板的格式是:

```
template <模板参数表>
class <类名>
{
    <类体说明>
}
```

<模板参数表>是由一个或多个模板形参组成。它与一般的类声明不同之处在于,这里的类要用<模板参数表>中虚拟类型参数来修饰它的某些成员,使模板类独立于任何具体的数据类型。

在模板外对成员函数的声明格式是:

template <模板参数表>

<返回类型> <类名>< <模板参数表> >::<函数名>(<函数参数表>) <函数体>

类模板的成员函数都是模板函数。因此,在模板外声明成员函数的格式与声明普通模板函数十分相似。

用类模板定义对象的格式是:

<类名>< <模板实参表> > <对象名>(<构造函数实参表>);

在定义对象的过程中,编译系统会自动地根据需要生成相应的类定义。这种依据类模板生成类定义的过程就称为类模板的实例化。类模板实例化所生成的每一个类定义就是相应类模板的一个实例。

还应注意,在用类模板定义对象时,由于没有像函数实参表这样的额外信息渠道,因此无法按函数模板的方式省略模板实参。但是,可以为类模板的参数设置缺省值。即在定义类模板时,可以为模板形参表声明的最后若干个参数设置缺省值;有缺省值的参数中,最后的若干个对应实参可以在定义对象时省略。

12.2.2 模板类

模板类是一个类型参数化的样板,是一组模板类的集合。模板类是某个类模板的实例。使用某种类型来替换某个类模板的模板参数可生成该类模板的一个模板类。使用模板类可以

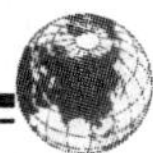

定义该类的对象，进而实现所需要的操作。

例 12.4　分析程序输出结果。

```
#include<iostream.h>
#include<stdlib.h>
template <class T>
class stack
{
    public:
        stack(int size);
        ~stack()
        {delete [] stck;}
        void push(T i);
        T pop();
    private:
        int tos,length;
        T *stck;
};
template<class T>
stack<T>::stack(int size)                    // 构造函数
{
    stck=new T[size];
    if(! stck)
    {
        cout<<"cannot allocate stack.\n";
        exit(1);
    }
    length=size;                             // 栈长度
    tos=0;
}
template <class T>
void stack<T>::push(T i)                     // 入栈
{
    if(tos==length)                          // 满栈
        cout<<"Stack is full.\n";
    stck[tos]=i;
    tos++;
}
template <class T>
T stack <T>::pop()                           // 出栈
{
    if(tos==0)
        cout<<"Stack underflow.\n";
```

```
    tos--;
    return stck[tos];
}
void main()
{
    stack <int> a(10);                    // 模板类 stack<int>
    stack <double> b(10);                 // 模板类 stack<double>
    stack <char> c(10);                   // 模板类 stack<char>
    for(int i=0;i<10;i++)
        a.push(i);
    for(i=0;i<10;i++)
        b.push(i*2.5);
    for(i=0;i<10;i++)
        cout<<a.pop()<<' ';
    cout<<endl;
    for(i=0;i<10;i++)
        cout<<b.pop()<<' ';
    cout<<endl;
    for(i=0;i<10;i++)
        c.push((char)'j'-i);
    for(i=0;i<10;i++)
        cout<<c.pop()<<' ';
    cout<<endl;
}
```

程序运行结果：

```
9 8 7 6 5 4 3 2 1 0
22.5 20 17.5 15 12.5 10 7.5 5 2.5 0
a b c d e f g h i j
```

该程序定义了一个类模板 stack<T>，用来描述一个后进先出的栈。类模板中定义的两个成员函数，push()函数用于压栈，pop()函数用于将数据从栈中弹出。

该程序中的主函数中，定义了 3 个模板类的对象 a，b，c，它们分别是：

```
stack <int> a(10);
stack <double> b(10);
stack <char> c(10);
```


12.2.3 模板类的继承与派生

模板类的派生与普通类一样，也分为公有派生类、保护派生类和私有派生类三种。模板派生类中成员的访问控制规则与普通类也是一样的。一个模板类可以作为一个普通类的派生类，也可以作为其他模板类的基类。下面给出常见的几种情况：

1. 普通类继承类模板

可以通过继承类模板的一个实例来声明一个类，例如：

```
template<class T>
class TBase{
    T data;
......
};
class Derived:public TBase<int>{
......
};
```

2. 模板类继承普通类

```
class TBase{
......
};
template<class T>
class TDerived:public TBase{
T data;
......
};
```

模板类 TDerived 继承了普通类 TBase，这种情况十分常见。

3. 模板类继承模板类

```
template<class T>
class TBase{
T data1;
......
};
template<class T1,class T2>
class TDerived:public TBase<T1>{
T2 data2;
......
};
```

4. 模板类继承模板参数给出的基类

继承哪个基类由模板参数决定。

例 12.5　分析程序输出结果。

```
#include<iostream>
using namespace std;
class BaseA{
public:
    BaseA(){cout<<"BaseA founed"<<endl;}
```

```
};
class BaseB{
public:
    BaseB(){cout<<"BaseB founed"<<endl;}
};
template<typename T,int value>
class BaseC{
private:
    T data;
public:
    BaseC(T n=value):data(n){
        cout<<"BaseC founed "<<data<<endl;}
};
template<class T>
class Derived:public T{
public:
    Derived():T(){cout<<"Derived founed"<<endl;}
};
void main()
{
    Derived<BaseA> x;                    // BaseA 作为基类
    Derived<BaseB> y;                    // BaseB 作为基类
    Derived<BaseC<int,3> > z;            // BaseC<int,3>作为基类

}
```

程序运行结果：

```
BaseA founed
Derived founed
BaseB founed
Derived founed
BaseC founed 3
Derived founed
```

程序中，类 BaseA 和类 BaseB 为普通类作为基类，类 BaseC 为类模板作为基类，模板的派生类 Derived 在创建对象时才能决定它的基类是哪一个，而这个决定就是由模板参数来完成的。

习题十二

一、选择题

1. 下列关于模板的描述中，错误的是（　　）。

A. 类模板的成员函数可以是函数模板

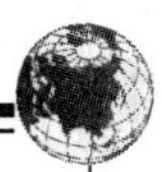

B. 类模板生成模板类时，必须指定参数化的类型所代表的具体类型

C. 定义类模板时只允许有一个模板参数

D. 类模板所描述的是一组类

2. 定义函数模板使用的关键字是（　　）。

A. class　　B. inline　　C. template　　D. operator

3. 下列有关对函数模板参数的描述，错误的是（　　）。

A. 模板参数可以是一个或多个　　B. 通常每个模板参数前必须加 class

C. 模板参数是一个算术表达式　　D. 模板参数是参数化的类型

4. 下列关于函数模板和模板函数的描述中，错误的是（　　）。

A. 函数模板是一组函数的样板　　B. 函数模板是定义重载函数的一种工具

C. 模板函数是函数模板的一个实例　　D. 模板函数在编译时不生成可执行代码

5. 已知函数模板定义如下：

```
template < class T >  T min ( T x ,T y )
    {return x<y? x:y;}
```

在下列描述中，错误的是（　　）。

A. 该函数模板有一个模板参数

B. 该函数模板生成的模板函数中，参数和返回值的类型必须相同

C. 该函数模板生成的模板函数中，参数和返回值的类型可以不同

D. T 类型所允许的类型范围应对运算符>操作有意义

6. 关于在调用模板函数时模板实参的使用，下列表述正确的是（　　）。

A. 对于虚拟类型所对应的模板实参，如果能从模板函数的实参中获得相同的信息，则都可以省略

B. 对于虚拟类型所对应的模板实参，如果它们是参数表中的最后的若干个参数，则都可以省略

C. 对于虚拟类型所对应的模板实参，若能够省略则必须省略

D. 对于常规参数所对应的模板实参，任何情况下都不能省略

7. 有如下函数模板定义：

```
template<class T> T func(T x,T y)
{return x * x+y * y;}
```

在下列对 func 的调用中不正确的是（　　）。

A. func(3,5)　　B. func<>(3,5)　　C. func(3,5.5)　　D. func<int>(3,5,5)

8. 考虑下面的函数原型：

```
void testDefaulParam(int a,int b=7,char z='*');
```

下面的函数调用中，不合法的是（　　）。

A. testDefaulParam(5);　　B. testDefaulParam(5,8);

C. testDefaulParam(6,'#');　　D. testDefaulParam(0.0,'*');

9. 已知：

```
int BEL(int n){return n+n;}
```

和

```
long BEL(long{return n+n;}
```

是一个函数模板的两个实例，则该函数模板的定义是(　　)。

A.

```
class <typename T>
T BEL(T n) {return n+n;}
```

B.

```
template  <typename T>
T BEL(T n) {return n+n;}
```

C.

```
template  <T n>
T BEL(T n) {return n+n;}
```

D.

```
class  <typename T>
Typename BEL(T n) {return n+n;}
```

二、读程序写结果

1.

```
#include<iostream>
using namespace std;
template<class T>
T findmax(T x[],int n)
{
    int i;
    T m=x[0];
    for(i=1;i<=n-1;i++)
        if(m<x[i])
            m=x[i];
        return m;
}
void main()
{
    int array1[]={100,-3,200,10};
    char array2[]={'a','b','x','y'};
    cout<<findmax(array1,4)<<endl;
    cout<<findmax(array2,4)<<endl;
}
```


2.

```
#include<iostream>
using namespace std;
```

```
template<class T>
class sample
{
    T n;
    public:
        sample(){};
        sample(T i);
        sample<T> & operator-(const sample<T> &);
        void display();
};
template<class T>
sample<T>::sample(T i)
{
    n=i;
}
template<class T>
sample<T>& sample<T>::operator-(const sample<T> &s)
{
    static sample<T> temp;
    temp.n=n-s.n;
    return temp;
}
template<class T>
void sample<T>::display()
{
    cout<<n<<endl;
}
void main()
{
    sample<int>s1(100),s2(200),s3;
    s3=s1-s2;
    s3.display();
}
```

3.

```
#include<iostream>
using namespace std;
template<class T>
class myclass
{
    T n;
    public:
        myclass(){};
        void setvalue(T newvalue);
        int operator==(myclass &);
```

```
        int operator>(myclass &);
        int operator<(myclass &);
};
template<class T>
void myclass<T>::setvalue(T newvalue)
{
    n=newvalue;
}
template<class T>
int myclass<T>::operator==(myclass &obj)
{
    return((n==obj.n)? 1:0);
}
template<class T>
int myclass<T>::operator>(myclass &obj)
{
    return((n>obj.n)? 1:0);
}
template<class T>
int myclass<T>::operator<(myclass &obj)
{
        return((n<obj.n)? 1:0);
}
void main()
{
    myclass<int>obj1,obj2;
    obj1.setvalue(10);
    obj2.setvalue(20);
    if(obj1>obj2)
        cout<<"obj1>obj2"<<endl;
    else if(obj1==obj2)
        cout<<"obj1==obj2"<<endl;
    else if(obj1<obj2)
        cout<<"obj1<obj2"<<endl;
}
```

三、编程题

1.用模板函数实现求整数、实数平方根的程序。

2.定义一个打印数组的模板函数 array_print,打印整数型、实数型和字符型数组,在主程序中初始化数组,并打印输出。

3.设计一个模板类,然后将该模板实例化为整数型和字符型类。利用模板类的成员函数为其成员函数赋值,并显示所赋给的值。

4.设计一个模板函数,用来交换两个变量中的内容。

5.利用模板函数实现整数和实数的排序。

附录Ⅰ C++的关键字列表

关键字	上下文说明
asm	声明将直接传给汇编程序的信息
auto	声明生命期在控制范围内的对象
bool	声明它的值为真或假的对象
break	终止 swith 状态或循环的处理
case	在一个 swith 状态下确定一个状态表达式的匹配
catch	当一个例外发生时用于确定将采取的行动(见 throw,try)
char	声明值为字符的对象
class	创建新类型来封装数据和操作(默认为 private)
const	声明值在整个执行过程中不变的对象
const_cast	增加或减少一个类型的 const 或 volatile 的所有权
continue	循环状态中,将控制传到循环的开端
default	switch 状态处理用 case 不能确定的表达式
delete	回收在动态分配的内存,并将内存返回到空闲存储器
do	记录 do-while 状态的开始,提供重复控制
double	声明值是(双精度)实数的对象
dynamic_cast	在一个类中消除指针或相关类型
else	一个 if 状态,当条件是错误时要执行的选择
enum	声明值是程序员确定的标识符的类型
explicit	阻止创建者为转变目的而隐蔽调用
extern	声明它的定义是外部的对象
false	一个布尔值
float	声明其值是(单精度)复数的对象
for	标志 for 状态的开始,提供重复控制
friend	声明不是成员函数的类操作
goto	传送控制到一个标志
if	标志 if 状态的开始,提供选择控制
inline	声明一个函数其正文将被它的调用所代替
int	声明值为整数的对象
long	声明 32 位整数或延伸到双精度复数
mutable	在一个 const 对象中用于声明类数据成员为可修改的
namespace	控制全局名的范围(避免名字冲突)
new	在运行时申请存储分配
operator	用一个新的声明重载一个操作符
private	声明类成员在类外不能使用它

续表

关键字	上下文说明
protected	声明类成员,除了子类,都不能使用
public	声明在类外也能使用的类成员
register	声明值被保存在寄存器里的对象
reinterpret_cast	在无关联的类型中执行类型转变
return	终止一个函数,通常返回一些表达式
short	声明 16 位整数
signed	声明一个对象,在这里值的高位标志被保存了
sizeof	得到一个对象的长度(用字节表示)或类型的表示
static	声明一个对象,它的生存期为整个程序的时间
static_cast	转换一个类型成另一个类型
struct	创建新的类型数据包和操作符(缺省为 public)
switch	标志 switch 状态的开始,提供选择控制
template	声明独立类型的类或函数
this	一个类中的指针,它保存了类的实例的地址
throw	产生一个例外(见 catch,try)
true	一个布尔值
try	标志包含意外处理的块的开始
typedef	声明一个已存在类型的同义词名
typeid	在运行时获得类型信息
typename	在模板参数表中代替类,并且确认合格的名字类型
union	声明一个结构,以至不同的对象能有不同的成员
unsigned	声明一个对象,它的高序位用于数据(见 signed)
using	得到一个名字空间的成员
virtual	声明一个被子类定义的基本类函数
void	声明空的类型
volatile	声明不能找到编译器,而可能被修改的对象(同时处理的分存对象)
while	标志 while 循环语句的开始或 do-while 循环语句的结束,都提供循环控制

附录Ⅱ C++运算符的优先级和结合性

优先级	运算符	含　义	结合方向
17	:: ::	二元作用域，域运算符 一元作用域	从左向右 从右向左
16	( ) [ ] . -> ++ -- typeid dynamic_cast<type> static_cast<type> reinterpret_cast<type> const_cast<type>	括号，函数调用 数组下标运算符 通过对象名选择成员运算符 通过指针选择成员运算符 一元后置自增运算符 一元后置自减运算符 运行时类型信息 运行时类型检查的强制类型转换 编译时类型检查的强制类型转换 非标准转换的强制类型转换 对常量性进行强制类型转换	从左向右
15	++ -- + - ! ~ & * (type) sizeof new new[ ] delete delete[ ]	一元前置自增运算符 一元前置自减运算符 一元正号运算符 一元负运算符 一元逻辑非运算符 一元按位取反运算符 取地址运算符 复引用，指针运算符 一元强制类型转换运算符 确定字节长度运算符 动态分配内存空间运算符 动态分配数组运算符 动态释放内存空间运算符 动态释放数组运算符	从右向左
14	.* ->*	通过对象取指向成员的指针 通过指针取指向成员的指针	从左向右
13	* / %	乘法运算符 除法运算符 求余（模）运算符	从左向右
12	+ -	加法运算符 减法运算符	从左向右
11	<< >>	按位左移运算符 按位右移运算符	从左向右

续表

<table>
<tr><th>优先级</th><th>运算符</th><th>含 义</th><th>结合方向</th></tr>
<tr><td>10</td><td><
<=
>
>=</td><td>小于关系运算符
小于或等于关系运算符
大于关系运算符
大于或等于关系运算符</td><td>从左向右</td></tr>
<tr><td>9</td><td>= =
! =</td><td>等于运算符
不等于运算符</td><td>从左向右</td></tr>
<tr><td>8</td><td>&</td><td>按位与运算符</td><td>从左向右</td></tr>
<tr><td>7</td><td>^</td><td>按位异或运算符</td><td>从左向右</td></tr>
<tr><td>6</td><td>|</td><td>按位或运算符</td><td>从左向右</td></tr>
<tr><td>5</td><td>&&</td><td>逻辑与运算符</td><td>从左向右</td></tr>
<tr><td>4</td><td>||</td><td>逻辑或运算符</td><td>从左向右</td></tr>
<tr><td>3</td><td>? :</td><td>条件运算符(三目运算符)</td><td>从右向左</td></tr>
<tr><td>2</td><td>=
+=
-=
*=
/=
%=
&=
^=
|=
<<=
>>=</td><td>赋值运算符
加法赋值运算符
减法赋值运算符
乘法赋值运算符
除法赋值运算符
求余赋值运算符
按位与赋值运算符
按位异或赋值运算符
按位或赋值运算符
向左移位赋值运算符
向右移位赋值运算符</td><td>从右向左</td></tr>
<tr><td>1</td><td>,</td><td>逗号运算符</td><td>从左向右</td></tr>
</table>

附录Ⅲ 常用系统函数

(1) fabs( )求浮点数绝对值函数

格式:fabs(double x)

功能:求浮点数 x 的绝对值|x|。

返回值:x 的绝对值|x|,double 型。

(2) abs( )是求整型数的绝对值

格式:abs(int x)

功能:求整型数的绝对值

返回值:x 的绝对值|x|,int 型。

(3) pow( )——x^y 函数

格式:pow(double x,double y)

功能:计算 x^y。

返回值:x^y,double 型。

(4) sqrt( )——平方根函数

格式:sqrt (double x),其中 x≥0

功能:计算 x 的算术平方根$\sqrt{x}$。

返回值:$\sqrt{x}$,double 型。

(5) log( ) ——自然对数 In(x)函数

格式:log (x),其中 x 为 double 型的表达式,x>0

功能:计算以 e 为底的自然对数 Inx 的值。

返回值:自然对数 In(x),double 型。

(6) sin( )——Sin 函数

格式:sin (double x),其中 x 的单位为弧度(rad)

功能:计算 Sinx 的值。

返回值:Sinx,double 型。

(7) cos( )——Cos 函数

格式:cos(double x),其中 x 的单位为弧度(rad)

功能:计算 Cosx 的值。

返回值:Cosx,double 型。

(8) exp( )——指数函数

格式:exp(double x,)

功能:计算 e^x的值。

返回值:e^x,double 型。

(9) floor( )——浮点最大值函数

格式:floor(double x)

功能:计算不大于 x 的最大整数。

返回值:不大于 x 的最大整数。

(10) fmod( )——浮点余数函数

格式:fmod(double x,double y)

功能:计算 x 整除 y,即 x/ y 的余数值。

返回值:该余数的双精度实数

字符函数和字符串函数

在使用字符函数和字符串函数时,(1)~(9)给出的函数,需要添加#include<string. h>预处理命令,使用(10)、(11)给出的函数,需要添加#include<stdio. h>预处理命令。

(1) tolowr( )——大写字符转换成小写字母函数

格式:tolowr (字符)

功能:把字符转换成小写字母。

(2) toupper( )——小写字母转换成大写字母函数

格式:toupper (字符)

功能:把字符转换成大写字母。

(3) strlowr( )——字符串中大写字母转换成小写字母函数

格式:strlowr (字符串)

功能:把字符串中大写字母转换成小写字母。

(4) strupper( )——字符串中小写字母转换成大写字母函数

格式:strupper (字符串)

功能:把字符串中小写字母转换成大写字母。

(5) strstr( )——求字符串的位置函数

格式:strstr (字符串 1,字符串 2)

功能:记录字符串 2 在字符串 1 中第 1 次出现的位置(不包括字符串 2 的结束符)。

(6) strcat( )——字符串连接函数

格式:strcat (字符串 1,字符串 2)

功能:将字符串 2 连接到字符串 1 的后面,即从字符串 1 的结束符'\0'处开始复制字符串 2,并以空字符'\0'结尾。

(7) strcmp( )——字符串比较函数

格式:strcmp (字符串 1,字符串 2)

功能:将字符串 1 与字符串 2 的字符逐个比较,直到出现不相同字符或某个字符串出现结束符'\0'为止,根据比较结果,返回不同的值。

返回值:字符串完全相同,返回 0;第 1 个字符串编码值大于第 2 个字符串相应的编码值,返回正整数;第 2 个字符串编码值大于第 1 个字符串相应的编码值,返回负整数。

(8) strcpy( )——字符串完全复制函数

格式:strcpy (字符串 1,字符串 2)

功能:将字符串 2 的字符逐个复制到字符串 1 的首位置开始的区域, 直到字符串 2 的结束符'\0',注意'\0'也被复制。

strcpyn( )——字符串部分复制函数

格式:strcpy (字符串 1,字符串 2,n)

功能:将字符串 2 中的前 n 个字符逐个复制到字符串 1 的首位置开始的区域。

(9) strlern( )——计算字符串长度函数

格式:strlern (字符串),这里的字符串也可以是字符串常量或字符数组名

功能:统计字符串的字符个数,不包括结束符'\0'。

返回值:字符串的字符个数。

(10) gets( )——字符串输入函数

格式:gets(字符数组名)

功能:从标准输入设备(如键盘)中读取字符,并存入指定的字符数组中,直到输入回车换行<Enter>为止,字符串中可以包括空格符。

(11) puts( )——字符串输出函数

格式:puts(字符数组名)

功能:把一个字符串从指定的字符数组里输出到标准输出设备(如屏幕终端)上。

注意:该函数要将输出的字符串的结束符转换成换行符('\n'),在输出字符串后会自动地回车换行,字符串中可以包括空格符。

附录Ⅳ ASCⅡ码表

ASCⅡ表上的数字0－31分配给了控制字符，用于控制像打印机等一些外围设备。例如，12代表换页/新页功能。此命令指示打印机跳到下一页的开头。

ASCⅡ非打印控制字符表

十进制	十六进制	字　符	十进制	十六进制	字　符
0	00	空	16	10	数据链路转意
1	01	头标开始	17	11	设备控制 1
2	02	正文开始	18	12	设备控制 2
3	03	正文结束	19	13	设备控制 3
4	04	传输结束	20	14	设备控制 4
5	05	查询	21	15	反确认
6	06	确认	22	16	同步空闲
7	07	震铃	23	17	传输块结束
8	08	backspace	24	18	取消
9	09	水平制表符	25	19	媒体结束
10	0A	换行/新行	26	1A	替换
11	0B	竖直制表符	27	1B	转意
12	0C	换页/新页	28	1C	文件分隔符
13	0D	回车	29	1D	组分隔符
14	0E	移出	30	1E	记录分隔符
15	0F	移入	31	1F	单元分隔符

数字32－126分配给了能在键盘上找到的字符，当您查看或打印文档时就会出现。数字127代表DELETE 命令。

ASCⅡ打印字符表

十进制	十六进制	字符	十进制	十六进制	字符
32	20	space	80	50	P
33	21	!	81	51	Q
34	22	"	82	52	R
35	23	#	83	53	S
36	24	$	84	54	T
37	25	%	85	55	U
38	26	&	86	56	V
39	27	,	87	57	w
40	28	(	88	58	X

续表

十进制	十六进制	字符	十进制	十六进制	字符
41	29	)	89	59	Y
42	2A	*	90	5A	Z
43	2B	+	91	5B	[
44	2C	,	92	5C	\
45	2D	—	93	5D	]
46	2E	.	94	5E	^
47	2F	/	95	5F	_
48	30	0	96	60	`
49	31	1	97	61	a
50	32	2	98	62	b
51	33	3	99	63	c
52	34	4	100	64	D
53	35	5	101	65	e
54	36	6	102	66	f
55	37	7	103	67	g
56	38	8	104	68	h
57	39	9	105	69	i
58	3A	:	106	6A	j
59	3B	;	107	6B	k
60	3C	<	108	6C	l
61	3D	=	109	6D	m
62	3E	>	110	6E	n
63	3F	?	111	6F	o
64	40	@	112	70	p
65	41	A	113	71	q
66	42	B	114	72	r
67	43	C	115	73	s
68	44	D	116	74	t
69	45	E	117	75	u
70	46	F	118	76	v
71	47	G	119	77	w
72	48	H	120	78	x
73	49	I	121	79	y
74	4A	J	122	7A	z
75	4B	K	123	7B	{
76	4C	L	124	7C	|
77	4D	M	125	7D	}
78	4E	N	126	7E	~
79	4F	O	127	7F	DEL

扩展的ASCⅡ字符满足了对更多字符的需求。扩展的ASCⅡ包含ASCⅡ中已有的128个字符(数字0—32显示在下图中),又增加了128个字符,总共是256个。即使有了这些更多的字符,许多语言还是包含无法压缩到256个字符中的符号。因此,出现了一些ASCII的变体来囊括地区性字符和符号。

例如,许多软件程序把ASCII表(又称作ISO 8859—1)用于北美、西欧、澳大利亚和非洲的语言。

扩展的ASCII打印字符表

十进制	十六进制	字符	十进制	十六进制	字符
128	80	Ç	192	C0	└
129	81	ü	193	C1	┴
130	82	é	194	C2	┬
131	83	a	195	C3	├
132	84	ä	196	C4	─
133	85	à	197	C5	┼
134	86	å	198	C6	╞
135	87	ç	199	C7	╟
136	88	ê	200	C8	╚
137	89	ë	201	C9	╔
138	8A	è	202	CA	╩
139	8B	ï	203	CB	╦
140	8C	ì	204	CC	╠
141	8D	ì	205	CD	═
142	8E	Ä	206	CE	╬
143	8F	Å	207	CF	╧
144	90	É	208	D0	╨
145	91	æ	209	D1	╤
146	92	Æ	210	D2	╥
147	93	ô	211	D3	╙
148	94	ö	212	D4	Ô
149	95	ò	213	D5	╒
150	96	û	214	D6	╓
151	97	ù	215	D7	╫
152	98	ÿ	216	D8	╪
153	99	ö	217	D9	┘
154	9A	ü	218	DA	┌
155	9B	¢	219	DB	█
156	9C	£	220	DC	▄

续表

十进制	十六进制	字符	十进制	十六进制	字符
157	9D	¥	221	DD	▌
158	9E	₧	222	DE	▐
159	9F	*f*	223	DF	▀
160	A0	á	224	E0	α
161	A1	í	225	E1	ß
162	A2	ó	226	E2	γ
163	A3	ú	227	E3	π
164	A4	ñ	228	E4	Σ
165	A5	Ñ	229	E5	σ
166	A6	a	230	E6	μ
167	A7	o	231	E7	τ
168	A8	¿	232	E8	Φ
169	A9	⌐	233	E9	Θ
170	AA	¬	234	EA	Ω
171	AB	½	235	EB	δ
172	AC	¼	236	EC	∞
173	AD	¡	237	ED	ϕ
174	AE	‹‹	238	EE	ε
175	AF	››	239	EF	∩
176	B0	░	240	F0	≡
177	B1	▒	241	F1	±
178	B2	▓	242	F2	⩾
179	B3	│	243	F3	⩽
180	B4	┤	244	F4	⌠
181	B5	╡	245	F5	⌡
182	B6	╢	246	F6	÷
183	B7	╖	247	F7	≈
184	B8	╕	248	F8	≈
185	B9	╣	249	F9	·
186	BA	║	250	FA	•
187	BB	╗	251	FB	√
188	BC	╝	252	FC	n
189	BD	╜	253	FD	2
190	BE	╛	254	FE	■
191	BF	┐	255	FF	

参考文献

[1] 吕凤翥编著.C++语言基础教程[M].北京:清华大学出版社,2005
[2] 黄维通编著.Visual C++面向对象与可视化程序设计[M].北京:清华大学出版社,2002
[3] 严仲兴主编.C++程序设计教程与实训[M].北京:北京大学出版社,2006
[4] 吴国凤,宣善立主编.C/C++程序设计[M].北京:高等教育出版社,2006
[5] 靳明霞主编.C++程序设计[M].武汉大学出版社,2006
[6] 全国计算等级考试教程——C++语言程序设计[M].北京:高等教育出版社,2004
[7] 全国计算机等级考试二级教程——C++语言程序设计[M].北京:高等教育出版社
[8] M. Deitel Paul J. Deitel Tem R. Nieto 著.C++ in the Lab:Lab Manual to Accompany C++ How to Program Harver. C++大学教程实验指导书.赵钧,陈晖等译.北京:电子工业出版社
[9] 苏仕华编著.C++程序设计实用教程[M].北京:清华大学出版社,2006
[10] 余苏宁主编.C++程序设计[M].北京:高等教育出版社 2004